ISW Forschung und Praxis

Berichte aus dem Institut für Steuerungstechnik
der Werkzeugmaschinen und Fertigungseinrichtungen
der Universität Stuttgart

Herausgeber: Prof. Dr.-Ing. Dr. h.c. G. Pritschow

Band 114

Springer-Verlag
Berlin Heidelberg GmbH

Franz Krauß

Splineverarbeitung in numerischen Steuerungen für das fünfachsige Fräsen

Springer

ISBN 978-3-540-61372-5   ISBN 978-3-662-09977-3 (eBook)
DOI 10.1007/978-3-662-09977-3

Gesamtherstellung: Druckerei Kuhnle, Esslingen
SPIN: 10541236   62/3020-543210

Geleitwort des Herausgebers

In der Reihe „ISW Forschung und Praxis" wird fortlaufend über Forschungs-
ergebnisse des Instituts für Steuerungstechnik der Werkzeugmaschinen und
Fertigungseinrichtungen der Universität Stuttgart (ISW) berichtet, das sich in
vielfältiger Form mit der Weiterentwicklung des Systems Werkzeugmaschine
und anderer Fertigungseinrichtungen beschäftigt. Die Arbeiten dieses Instituts
konzentrieren sich im besonderen auf die Bereiche Numerische Steuerungen,
Prozeßrechnereinsatz in der Fertigung, Industrierobotertechnik sowie Meß-,
Regel- und Antriebssysteme, also auf die aktuellsten Bereiche der Fertigungstechnik. Dabei stehen Grundlagenforschung und anwenderorientierte
Entwicklung in einem stetigen Austausch, wodurch ein ständiger Technologie-
transfer zur Praxis sichergestellt wird.

Die Buchreihe erscheint in zwangloser Folge und stützt sich auf Berichte über
abgeschlossene Forschungsarbeiten und Dissertationen. Sie soll dem Inge-
nieur bei der Weiterbildung dienen und ihm Hilfestellungen zur Lösung spezifi-
scher Probleme geben. Für den Studierenden bietet sie eine Möglichkeit zur
Wissensvertiefung. Sie bleibt damit unter erweitertem Namen und neuer Her-
ausgeberschaft unverändert in der bewährten Konzeption, die ihr der Gründer
des ISW, der leider allzu früh verstorbene Prof. Dr.-Ing. G. Stute, im Jahre 1972
gegeben hat.

Der Herausgeber dankt der Druckerei für die drucktechnische Betreuung und
dem Springer-Verlag für Aufnahme der Reihe in sein Lieferprogramm.

G. Pritschow

Vorwort

Die vorliegende Arbeit enstand während meiner Tätigkeit als wissenschaftlicher Mitarbeiter am Institut für Steuerungstechnik der Werkzeugmaschinen und Fertigungseinrichtungen (ISW) der Universität Stuttgart.

Herrn Prof. Dr.-Ing. Dr. h.c. G. Pritschow danke ich herzlich für seine wohlwollende Unterstützung und seine wertvollen Anregungen, die zum Gelingen der Arbeit wesentlich beigetragen haben, sowie für die Übernahme des Hauptberichts. Herrn Prof. Dr.-Ing. Dr.-Ing. E.h. M. Weck danke ich für seine Bereitschaft, den Mitbericht zu übernehmen. Ebenso danke ich Herrn Prof. Dr.-Ing. A. Storr für die vielen Hinweise.

Allen Mitarbeitern des Instituts danke ich für die zahlreichen Diskussionen, die mich bei der Erstellung dieser Dissertation unterstützt haben. Insbesondere gilt mein Dank den Herren Dr.-Ing. C. Daniel, Dr.-Ing. R. Angerbauer, Prof. Dr.-Ing. W. Schittenhelm und Herrn Dipl.-Ing. A. Schweiker für die gründliche Durchsicht der Arbeit und die sich daraus ergebenden Anregungen.

Nicht zuletzt danke ich meiner Frau Dagmar für die moralische Unterstützung und die zahlreichen Urlaubstage und Wochenenden, an denen sie mich entbehren mußte.

Franz Krauß

Inhaltsverzeichnis

Abkürzungen   **10**

Formelzeichen   **11**

1   Einleitung   **12**

2   Problemstellung   **14**

2.1   Begriffsdefinitionen   14

2.2   Fertigungsverfahren zur Herstellung von Werkstücken mit Freiform-flächen   18

2.2.1   Funktionale Eigenschaften der Fertigungsverfahren   18

2.2.2   Aufwendungen bei den Fertigungsverfahren   23

2.3   Datenquellen für die fünfachsige Bearbeitung   24

3   Steuerungstechnik für die Freiformflächenbearbeitung   **26**

3.1   Schnittstellen für die NC-Steuerinformation   27

3.1.1   Bahnvorgabe in Maschinenkoordinaten   27

3.1.2   Bahnvorgabe durch Splines für die Maschinenachsen   28

3.1.3   Flächenorientierte Definition von Fräsbahnen   30

3.1.3.1   Strukturvarianten für flächenorientierte Steuerungen   30

3.1.3.2   Erzeugung der NC-Steuerinformation für flächenorientierte Steuerungen   33

3.2   Beeinflussungsmöglichkeiten an der Steuerung beim fünfachsigen Fräsen   35

3.2.1   Beeinflussungsmöglichkeiten auf Basis von Linearsätzen nach DIN 66025   37

3.2.2   Beeinflussungsmöglichkeiten bei Fräsbahnen in Form von Splines   40

3.2.3   Beeinflussungsmöglichkeiten bei flächenorientierten Fräsbahnen   41

3.3   Bewertung und Zielsetzung der Arbeit   41

3.3.1   Bewertung derzeitiger NC für die fünfachsige Bearbeitung   42

3.3.2   Zielsetzung und Vorgehensweise   44

4   Untersuchung und Auswahl von Splines für den Einsatz in numerischen Steuerungen   **45**

4.1   Datenversorgung von NC beim Einsatz einer Splineverarbeitung   46

4.1.1   Splines in Werkstückkoordinaten für Werkzeugbezugspunkt und Werkzeugorientierung   47

4.1.1.1   Splinegenerierung in der Arbeitsvorbereitung, Splineinterpolation in
der Steuerung 48

4.1.1.2   Splinegenerierung auf Basis von Werkzeugmittelpunkten sowie
Splineinterpolation in der Steuerung 49

4.1.1.3   Splinegenerierung auf Basis der Werkzeugeingriffspunkte sowie
Splineinterpolation in der Steuerung 51

4.1.2   Bewertung und Auswahl 52

4.2   Kompensation der Werkzeuggeometrie 54

4.2.1   Auf die Werkzeugposition bezogene Werkzeugbewegung 55

4.2.1.1   Veränderung des Durchmessers bei Kugelfräsern und zylindrischen
Gesenkfräsern 55

4.2.1.2   Veränderung von Durchmesser und Eckenradius bei Schaftfräsern ... 56

4.2.1.3   Auf den Werkzeugmittelpunkt bezogene Werkzeugbewegung 57

4.2.2   Auf den Eingriffspunkt bezogene Werkzeugbewegung 58

4.3   Splines in der numerischen Steuerung auf Basis von Punkt-Vektor-
Folgen 59

4.3.1   Splineinterpolation im Maschinenkoordinatensystem 60

4.3.2   Splineinterpolation im Werkstückkoordinatensystem 62

4.3.3   Bewertung und Auswahl 63

**5   Berechnung und Interpolation von Splines in der numerischen
Steuerung** **64**

5.1   Auswahl eines Splines für den Einsatz bei der fünfachsigen
Bearbeitung 64

5.2   Splinekurven zur Interpolation von Position und Orientierung des
Werkzeugs 67

5.2.1   Berechnung einer krümmungsstetigen kubischen Splinekurve 68

5.2.2   Bestimmung der Randbedingungen am Anfang und am Ende der
Splinekurve 71

5.2.3   Bestimmung einer geeigneten Parametrisierung 73

5.3   Interpolation von Splinekurven 75

5.3.1   Splineinterpolation 75

5.3.2   Bahngeschwindigkeit bei der Splineinterpolation 76

**6   Konzeption von Modulen zur Verarbeitung von Punkt-Vektor-
Folgen mittels Splinekurven** **78**

6.1   Erforderliche Funktionsmodule in der NC 79

6.2	Werkzeuggeometriekompensation im Punkt-Vektor-System	81
6.3	Splinegenerierung	81
6.3.1	Segmentierung	81
6.3.2	Struktur des Moduls "Splinegenerierung"	83
6.4	Bahnvorbereitung für Bewegungen im Punkt-Vektor-System	84
6.4.1	Wirkungsweise der Dynamiküberwachung	86
6.4.2	Segmentübergreifende Vorschubanpassung	88
6.4.3	Struktur der Bahnvorbereitung für Punkt-Vektor-Folgen	90
6.5	Splineinterpolation	91
6.5.1	Geschwindigkeit und Beschleunigung auf der Werkzeugbahn mit Werkzeugorientierung	92
6.5.2	Struktur von Interpolation für Linear-, Zirkular- und Splinesätze	94
6.6	Transformation	95
6.6.1	Algorithmen der Transformation	95
6.6.2	Parametrierung	96
6.7	Stufenkonzept zur Integration der Splineverarbeitung von Punkt-Vektor-Folgen	97
6.7.1	Punkt-Vektor-Steuerung	97
6.7.2	Splinegenerierung in der Arbeitsvorbereitung, Splineinterpolation in der Steuerung	99
6.7.3	Splinegenerierung, -interpolation und Werkzeuggeometriekompensation in der Steuerung	99
7	**Realisierung mit einem modularen, konfigurierbaren Steuerungssystem**	**100**
7.1	Steuerung für Linearbewegungen im Werkstückkoordinatensystem	100
7.2	Steuerung für die Splineinterpolation von Stützpunkten im Werkstückkoordinatensystem	102
7.3	Gerätetechnische Realisierung	102
7.4	Ergebnisse der Realisierung	105
8	**Zusammenfassung**	**106**
Schrifttum		**108**

Abkürzungen

2D	zweidimensional
2½D	zweidimensional, zuzüglich einer Zustellachse oder einer rotationssymmetrischen Achse
3D	dreidimensional
APT	Automatically Programmed Tools (problemorientierte Programmiersprache für NC-Werkzeugmaschinen und zugehöriges Programmiersystem)
BAVO	Bahnvorbereitung
BF	Beauftragbare Funktion innerhalb eines modularen, konfigurierbaren Steuerungssystems
CAD	Computer Aided Design (rechnerunterstütztes Konstruieren)
CAM	Computer Aided Manufacturing (rechnerunterstütztes Fertigen)
CLDATA	Cutter Location Data (Sprache für Ausgabedaten von NC-Processoren, die als Eingabedaten für NC-Postprocessoren verwendet werden)
CP	Contact Point (Eingriffspunkt des Werkzeugs mit dem Werkstück)
FB	Funktionsblock innerhalb eines modularen, konfigurierbaren Steuerungssystems
FIFO	First-In-First-Out
HSC	High Speed Cutting (Hochgeschwindigkeitsfräsen)
IGES	Initial Graphics Exchange Specification (Schnittstelle für den Geometriedatenaustausch)
NC	Numerical Control (Numerische Steuerung)
NURBS	Non Uniform Rational B-Spline
RTCP	Rotate Tool Center Point (spezielle Funktion in der numerischen Steuerung der Firma FIDIA)
SLOPE	Geführter Beschleunigungsvorgang (Modul zur Erzeugung der Zeitfunktionen für die Beschleunigungs- und Verzögerungsvorgänge in einer NC)
STEP	Standard for the Exchange of Product Model Data
TCP	Tool Center Point (Werkzeugmittelpunkt)

VDAFS   Flächenschnittstelle des Verbands der Automobilindustrie

WGK   Werkzeuggeometriekompensation im Raum

WRK   Werkzeugradiuskorrektur in der Ebene

Formelzeichen

d_{WZ} Werkzeugdurchmesser

$\underline{E}_N$ Flächennormalenvektor

κ Krümmung

l_{WZ} Werkzeuglänge

$\underline{P}_E$ Eingriffspunkt des Werkzeugs mit dem Werkstück

$\underline{P}_M$ Werkzeugmittelpunkt

$\underline{P}_S$ Werkzeugspitzenpunkt (Durchstoßpunkt der Werkzeugachse durch die Werkzeugschneide)

$\underline{Q}$ Werkzeugachsrichtung

$\underline{T}_B$ Bahntangente

TCP   Tool Center Point (Werkzeugmittelpunkt)

T_i Interpolationszykluszeit

T Vorwärtstransformation: Transformation von Maschinenachskoordinaten (z.B. X,Y,Z,B,C) in Werkstückkoordinaten (x,y,z,i,j,k)

T^{-1} Rückwärtstransformation: Transformation von Werkstückkoordinaten (x, y, z, i, j, k) in Maschinenachskoordinaten (z.B. X, Y, Z, B, C)

dT^{-1} Rückwärtstransformation der Ableitungen: Transformation der Ableitungen der Werkstückkoordinaten (dx, dy, dz, di, dj, dk) in Maschinenachskoordinaten (z.B. dX, dY, dZ, dB, dC)

$\underline{V}^{\circ}$ auf die Länge 1 normierter Vektor $\underline{V}$

1 Einleitung

In der Luft- und Raumfahrttechnik, im Schiffs-, Karosserie- und Strömungsmaschinenbau sowie im Werkzeug- und Formenbau besteht die Anforderung, Werkstücke mit beliebig gekrümmten Oberflächen, im folgenden **Freiformflächen** genannt, zu fertigen.
Während die Vorbearbeitung durch dreiachsiges Fräsen mit großvolumigen Schrupp-
werkzeugen durchgeführt wird, kann für die Fertigbearbeitung entweder das dreiachsige
oder das fünfachsige Fräsen eingesetzt werden /1, 2/.

Im Gegensatz zum dreiachsigen Fräsen kann bei der fünfachsigen Bearbeitung neben der
Position des Werkzeugs auch dessen Orientierung durch zwei zusätzliche rotatorische
Achsen der Werkzeugmaschine eingestellt werden. Der Abstand der Fräsbahnen läßt
sich bei gleicher Oberflächengenauigkeit vergrößern, wodurch sich die Bearbeitungszeit
stark verkürzt /3/. Für die Bearbeitung können zylindrische Werkzeuge eingesetzt werden, mit denen große Zerspanvolumina möglich sind. Der Einsatz der zerspantechnisch
problematischen Kugelfräser wird dadurch vermieden.

Abgesehen von jenem Teilespektrum, das ausschließlich fünfachsig bearbeitet werden
kann wie Turbinenlaufräder im Strömungsmaschinenbau, hängt die Entscheidung, ob ein
Werkstück drei- oder fünfachsig bearbeitet wird, von weiteren Randbedingungen ab.
Hierzu zählen neben dem Aufwand für das Einfahren eines Teileprogramms und den
Produktionskosten auch die Investitionen in Werkzeugmaschinen und die Rechen-
anlagen in der Arbeitsvorbereitung sowie die erforderlichen Qualifikationen des Personals /4/.

Die Erstellung der NC-Steuerinformation für die numerische Steuerung (NC) ist bei der
Freiformflächenbearbeitung aufgrund der Komplexität ausschließlich NC-Programmier-
systemen mit leistungsfähigen Rechnern vorbehalten. Insbesondere bei der fünfachsigen
Bearbeitung sind aufgrund der hohen Anzahl an Freiheitsgraden bezüglich der Werk-
zeugführung und der erforderlichen Kollisionsfreiheit sowohl eine ausgeprägte grafische
Unterstützung als auch hochqualifiziertes Personal erforderlich /5/.

Die im NC-Programmiersystem berechneten Werkzeugbewegungen werden heute fast
ausschließlich gemäß DIN 66025 /6/ in Form von kurzen Linearsätzen an die NC übertragen. Dies bewirkt eine sehr hohe Datenmenge und führt zu Problemen bei deren Verarbeitung innerhalb der NC. Durch die Definition von Fräsbahnen in Form von Splines
kann die erforderliche Datenmenge pro Bahnlänge reduziert werden /7, 8, 9/. Aufgrund

ungenügender Unterstützung durch bestehende NC-Programmiersysteme und Post-processoren haben sich Splines bei der fünfachsigen Bearbeitung bisher nicht durchge-setzt.

In welchem Maß der Maschinenbediener die Abarbeitung der NC-Steuerinformation an die aktuellen Erfordernisse des Fertigungsprozesses anpassen kann hängt davon ab, auf welche Weise der Steuerung die Werkzeugbewegungen vorgegeben werden. Forde-rungen der Anwender nach mehr Möglichkeiten der Einflußnahme direkt an der Maschine können mit dem bestehenden Format der NC-Steuerinformation nicht befrie-digt werden /10/.

Insgesamt gesehen bietet das fünfachsige Fräsen in vielen Fällen den Vorteil einer schnelleren und effizienteren Bearbeitung. Durch die bestehende NC-Programmier-schnittstelle DIN 66025 und eingeschränkte Funktionalitäten an der Steuerung können diese Vorteile jedoch nur bedingt genutzt werden. Aufgrund fehlender durchgängiger Strukturen in der Arbeitsvorbereitung und in der Steuerung werden Splines bisher nur sehr wenig eingesetzt.

Aufgabenstellung dieser Arbeit ist es daher, ausgehend von dem derzeitigen Stand der Technik einen Weg aufzuzeigen, wie auf Basis von maschinenunabhängigen Teilepro-grammen Funktionen der Splineverarbeitung und der kinematischen Rückwärtstransfor-mation in der Steuerung bei der fünfachsigen Fräsbearbeitung aus der Sicht des Gesamt-systems effektiv genutzt werden können. Insbesondere wird diskutiert, unter welchen Voraussetzungen der Maschinenbediener Parameter wie beispielsweise die Werkzeug-geometrie verändern kann, um dadurch sein Erfahrungswissen in den Fertigungsprozeß mit einzubringen.

2 Problemstellung

Grundlage für die Fertigung eines Werkstücks mit Freiformflächen ist die Beschreibung seiner Geometrie. Diese wurde früher in Form von Zeichnungen, heute meist in Form von CAD-Daten, die im Bereich der Konstruktion erstellt wurden, an die Arbeitsvorbereitung übertragen. Dort wird die für die numerische Steuerung erforderliche NC-Steuerinformation erstellt, mit der durch die Werkzeugmaschine aus dem Rohteil das Fertigteil erzeugt wird.

Während anfangs der Einsatz von CAD-Systemen in der Konstruktion vorrangig das Ziel verfolgte, die Zeichnungserstellung zu vereinfachen, bildet heute die Darstellung eines Werkstücks im CAD-System durch die sogenannte CAD/CAM-Kopplung immer häufiger auch die Grundlage für die NC-Programmierung /12, 13/. Dies bedeutet, daß die rechnerinterne Darstellung des Werkstücks als alleinige Basis für alle weiteren fertigungstechnischen Arbeitsgänge wie die Vervollständigung und Ergänzung der Werkstückgeometrie, Planung der Bearbeitung, Berechnung der Fräsbahnen, Kollisionskontrolle usw. herangezogen wird.

Die in den CAD-Systemen erzeugten Daten beschreiben das zu fertigende Teil vollständig. Diese Daten werden, wie in <u>Bild 2.1</u> dargestellt, über standardisierte Schnittstellen an NC-Programmiersysteme übergeben. Abhängig von der speziellen Ausprägung der Schnittstellen treten dort Informationsverluste auf, die u. U. in der Geometrieaufbereitung innerhalb des NC-Programmiersystems kompensiert werden müssen /14, 15/. Als Beispiel sei hier die fehlende Möglichkeit der Beschreibung von Verrundungsflächen bei Übertragung von Daten im Format VDAFS 2.0 erwähnt /16, 17/. Diese Schnittstellen waren und sind Gegenstand von Forschungsaktivitäten /12/. Im NC-Programmiersystem werden die für die NC erforderlichen NC-Steuerinformationen erzeugt. Deren Format und Informationsgehalt bestimmen wesentlich den wirtschaftlichen Einsatz von NC-Werkzeugmaschinen /18/.

2.1 Begriffsdefinitionen

Im folgenden werden Begriffe und Verfahren, die im Rahmen dieser Arbeit häufig verwendet werden, eingeführt und kurz erläutert.

Beim **zweieinhalbachsigen Fräsen** (2½D-Fräsen) wird ein Werkzeug in der Ebene durch zwei Achsen bewegt, und eine dritte Achse dient als Zustellachse zwischen den einzelnen Bearbeitungsschritten. Als Werkzeuge kommen Schaftfräser zum Einsatz, die durch Länge und Durchmesser einfach beschrieben werden können. Diese Technologie wird hauptsächlich zur Fertigung prismatischer Werkstücke angewendet.

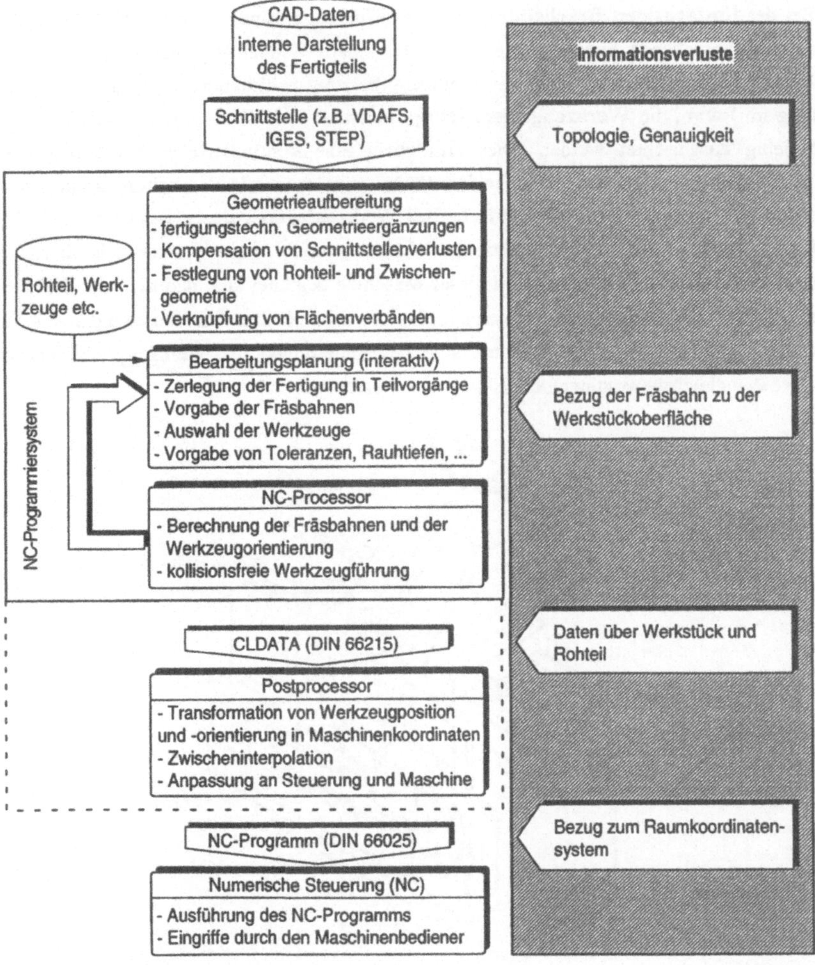

<u>Bild 2.1</u>: Gegenwärtiger Datenfluß bei der fünfachsigen Freiformflächenbearbeitung

Bei der **dreiachsigen Bearbeitung**, die bei der Fertigung von Freiformflächen eingesetzt wird, erfolgt die Bewegung des Werkzeugs durch drei lineare Maschinenachsen. Meist werden hierfür Kugelfräser eingesetzt.

Bei der **fünfachsigen Bearbeitung** wird das Werkzeug simultan durch drei senkrecht aufeinanderstehende lineare sowie zwei unter einem Winkel angeordnete rotatorische Achsen bewegt. Dadurch kann das Werkzeug beliebig positioniert sowie dessen Richtung im Raum, die **Werkzeugorientierung**, innerhalb der Verfahrbereiche der Achsen beliebig ausgerichtet werden. Dies ermöglicht eine kontinuierliche Anpassung des Werkzeugs an die zu fertigende Freiformfläche. Eine spanende Bearbeitung kann dabei durch die Stirn- oder die Mantelfläche des Werkzeugs oder durch beide erfolgen. In Bild 2.2 ist als Beispiel eine fünfachsige Werkzeugmaschine zur Turbinenschaufelfertigung dargestellt. Die Konstruktion dieser Maschine zeichnet sich dadurch aus, daß die rotatorischen Achsen und die Werkzeugachse bei einer bestimmten Werkzeuglänge sich in einem Punkt schneiden. Dadurch sind bei Änderungen der Werkzeugorientierung keine Ausgleichsbewegungen der Linearachsen erforderlich.

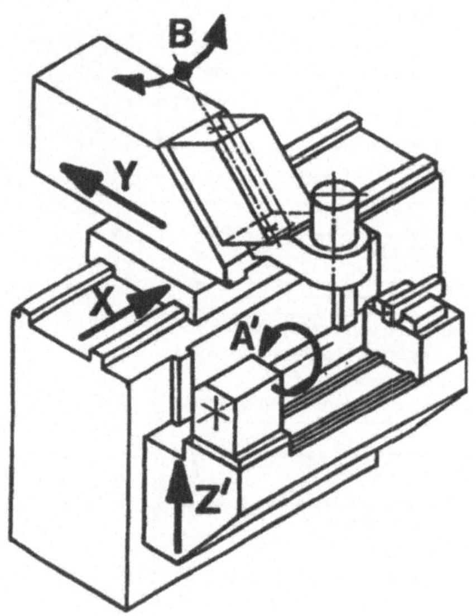

Bild 2.2: Fünfachsige Werkzeugmaschine zur Herstellung von Turbinenschaufeln

Oft wird bei fünfachsigen Werkzeugmaschinen vor der Bearbeitung durch die beiden rotatorischen Achsen eine Werkzeugorientierung eingestellt und während der Bearbeitung beibehalten. Während der Bearbeitung werden nur die drei linearen Achsen simultan gesteuert. Diese Betriebsart wird im folgenden **drei-plus-zweiachsige Bearbeitung** genannt.

Werkstücke mit Freiformflächen können durch die Ausführung eines NC-Programms auf einer NC gefertigt werden. Diesen Vorgang nennt man **NC-Fräsen**. Alternativ hierzu kann die Fertigung durch sogenanntes **Nachform- oder Kopierfräsen** erfolgen /4/. Beim **sechsachsigen Kopierfräsen** ist der Kopierfühler an drei zusätzlichen Achsen der Werkzeugmaschine befestigt, und die Steuerung kann Ungenauigkeiten durch Überschwingen an Kanten kompensieren /19/. Dadurch werden wesentlich höhere Vorschübe erreicht, und während des Kopierens kann das Werkstück maßstäblich vergrößert oder verkleinert werden. Beispielsweise kann die Blechstärke bei der Herstellung von Preßwerkzeugen auf diese Weise berücksichtigt werden. Die Einheit, bestehend aus Kopierfühler, Ausleger und zusätzlichen Achsen, wird auch als **Schwundmaßeinrichtung** bezeichnet.

Die **Arbeitsvorbereitung** ist ein örtlich und organisatorisch von der Werkstatt getrennter Bereich mit einer speziellen Rechnerausstattung und hierfür ausgebildetem Personal. Dort werden auf Basis der von einem CAD-System übernommenen Geometriedaten die für die Fertigung des Werkstücks notwendigen Arbeitsgänge festgelegt. Abläufe an einzelnen Werkzeugmaschinen werden zunächst als sogenannte **Teileprogramme** meist in Form von APT-ähnlichen Sprachen festgelegt /22/. Diese Teileprogramme werden anschließend von einem sogenannten **NC-Processor** in Werkzeugbewegungen und technologische Steuerinformationen des Formats CLDATA /11/ übergeführt. Dort liegen die Fräsbahnen als Folge von Paaren von Werkzeugposition und Werkzeugorientierung, im folgenden **Punkt-Vektor-Folgen** genannt, im Werkstückkoordinatensystem vor.

Die in der Arbeitsvorbereitung von NC-Programmiersystemen für die Steuerung erstellten Daten zur Fertigung eines Werkstücks werden als **NC-Steuerinformation** bezeichnet. Sie besteht normalerweise aus einem NC-Programm mit Bewegungs- und Technologieinformationen, kann aber auch noch weitere Informationen, wie z.B. Dateien mit Flächeninformationen, beinhalten. Sie wird aufgrund ihrer Komplexität bei der Freiformflächenbearbeitung nahezu ausschließlich getrennt von der Werkstatt im Bereich der Arbeitsvorbereitung erstellt. Beim **NC-Fräsen** werden die Bewegungen der Werkzeugmaschine durch die Abarbeitung der NC-Steuerinformation ausgelöst.

Die CLDATA-Dateien, vereinzelt auch direkt die APT-Teileprogramme, werden von sogenannten **Postprocessoren**, die auf eine spezielle Kombination von NC und Werkzeugmaschine abgestimmt sind, in das auf der NC ausführbare NC-Programm umgesetzt. Eine **kinematische Rückwärtstransformation** berechnet dort aus Koordinaten bezüglich des Punkt-Vektor-Koordinatensystems (Werkzeugposition und Werkzeugorientierung) die entsprechenden Positionen der fünf Maschinenachsen. Der bei der Rückwärtstransformation auftretende kinematische Fehler /23, 24/ wird durch eine Zwischeninterpolation reduziert. Die Umrechnung vom Maschinenkoordinatensystem in das Punkt-Vektor-Koordinatensystem nennt man auch **Vorwärtstransformation**. Postprocessoren erzeugen Anweisungen des Formats DIN 66025 für eine spezielle Steuerung.

Die Berücksichtigung der Werkzeuggeometrie bei der Umrechnung der Werkzeugbahn in Bewegungen für die einzelnen Maschinenachsen wird **Werkzeuggeometriekompensation** genannt. Während bei 2½D-Bewegungen von einer Werkzeuglängen- und einer Werkzeugradiuskorrektur gesprochen wird, muß bei fünfachsiger Bearbeitung zwischen der Kompensation der Länge, des Durchmessers und der Berücksichtigung der Schneidenform des Werkzeugs unterschieden werden. Im Gegensatz zu der zweieinhalbachsigen sind bei der fünfachsigen Bearbeitung neben Länge und Durchmesser des Werkzeugs noch weitere Informationen von Werkzeug und Werkstück erforderlich, um die Werkzeuggeometriekompensation durchführen zu können.

2.2 Fertigungsverfahren zur Herstellung von Werkstücken mit Freiformflächen

In Tabelle 2.1 sind verschiedene Fräsverfahren zur Herstellung von Werkstücken mit Freiformflächen dargestellt. Sie können durch drei- oder fünfachsige Bearbeitung gefertigt werden. Bei der dreiachsigen Fertigung wird zwischen Kopierfräsen - das sechsachsige wird aufgrund des Zerspanprozesses mit zum dreiachsigen Kopierfräsen gezählt - und dem NC-Fräsen unterschieden.

2.2.1 Funktionale Eigenschaften der Fertigungsverfahren

Das Kopierfräsen hatte vor allem in der Vergangenheit große Bedeutung, da, ausgehend von einem Modellwerkstück, das Fertigteil ohne Programmierung hergestellt werden kann. Vor allem im Bereich der Automobilzulieferindustrie, wo Kopier- und Designmodelle bis heute Bedeutung haben und kein bzw. kein vollständiges und verbindliches Datenmodell des zu fertigenden Werkstücks vorliegt, spielt das Nachformfräsen immer noch eine nicht vernachlässigbare Rolle /2/.

| | dreiachsiges | | | | | fünfachsiges |
| | Kopierfräsen | | NC-Fräsen | | | |
	drei- achsig	sechs- achsig	konven- tionell	HSC	3+2 Achsen	5 Achsen simultan
manuelle Vorbear-beitung	mit Kopiereinrichtung möglich		nicht möglich			
modell-basierte Fertigung	möglich		nur über Digitalisierung möglich			
Modell er-forderlich?	ja		nein			
erzielbare Genauig-keit	sehr einge-schränkt	einge-schränkt	hoch			
spezielle Maschinen oder -teile	Kopier-fühler incl. Aus-leger	Schwund-maßein-richtung	keine	hochdyna-mische Antriebs-einheiten	zwei zusätzliche rotatorische Achsen	
Wahl des Werkzeugs	abhängig vom Kopier-fühler		im Programmiersystem frei wählbar			
Beeinflus-sungsmögl. an der NC	keine		Aufspannlage, u.U. Werkzeuglänge		u.U. Werkzeuglänge	
Skalierung	nicht möglich	möglich	nicht möglich		nicht möglich	

Tabelle 2.1: Funktionale Eigenschaften von Fertigungsverfahren für Freiformflächen

In /1/ wird ein Anteil für das Kopierfräsen im Modell- und Werkzeugbau im Vergleich zum drei- bis fünfachsigen NC-Fräsen von 42% angegeben, in /20/ ein Anteil von 32%.

Ein auf Datenträgern mitgeliefertes Datenmodell dient oft nur zur Ergänzung, wohingegen technische Zeichnungen als verbindlich gelten /21/. Eindeutig läßt sich jedoch zunehmend der Trend hin zur Fertigung mit einer mehr oder weniger durchgängigen elektronischen Datenübergabe von CAD über CAM zur NC erkennen. Hierbei spielen neben dem herzustellenden Produktspektrum u.a. auch die Altersstruktur der Fertigungseinrichtungen und die Qualifikation des Personals eine Rolle.

Weiterhin kann das Werkstück im sogenannten **Pencil Mode,** bei dem das Werkzeug durch manuelles Führen des Kopierfühlers über das Modell hinweg bewegt wird, auf einfache Weise vorbearbeitet werden. Leerwege werden vermieden und besonders kritische Stellen, wie beispielsweise der Eintritt des Werkzeugs in die Kruste eines Gußteils, wo die Gefahr eines Werkzeugbruchs besonders hoch ist, werden über das Erfahrungswissen des Maschinenbedieners erkannt und bewältigt.

Trotz leistungsfähiger NC-Programmiersysteme läßt sich dadurch mit weniger Aufwand eine effektivere Schruppbearbeitung durchführen als mit einer Vorbearbeitung per Programmierung durch NC-Programmiersysteme und NC-Fräsen. Unternehmen des Werkzeug- und Formenbaus sind nach wie vor an einer derartigen Schruppbearbeitung interessiert, bei der der Maschinenbediener, unterstützt durch Funktionalitäten in der NC, eigenverantwortlich und ohne NC-Programm die Vorbearbeitung durchführt /25/.

Mit zunehmender Verfügbarkeit leistungsfähiger NC-Programmiersysteme und entsprechender Datenschnittstellen für den CAD-Datenaustausch nimmt die Bedeutung des Kopierfräsens ab und die des NC-Fräsens zu /26, 27, 28/. Durch die Einführung der CAD/CAM-Technologie hat sich z.B. bei einem Automobilhersteller die Durchlaufzeit für die Produktion eines Werkzeugsatzes für ein Karosserieaußenhautteil von ca. einem Jahr auf ca. sechs Monate halbiert /29/. Das NC-Fräsen erlaubt mehr Flexibilität und wesentlich höhere Genauigkeiten. Im weiteren wird deshalb nur noch das NC-Fräsen betrachtet.

Bei der dreiachsigen Schlichtbearbeitung von Freiformflächen kommen als Werkzeuge fast ausschließlich Kugelfräser in Betracht. Sie haben die Eigenschaft, daß an der Werkzeugspitze die Schnittgeschwindigkeit gleich Null wird. Ihr Einsatz ist deshalb durch die Schnittbedingungen bei zur Fräserachse nahezu senkrechten Flächen nicht möglich /30/. NC-Programmiersysteme müssen daher durch eine geeignete Fräserführung den Eingriff der Werkzeugspitze mit dem Werkstück vermeiden. Weiterhin sind die Schnittverhältnisse (Freiwinkel, Keilwinkel und Spanwinkel /31/) in jedem Punkt der sich im Eingriff befindlichen Werkzeugschneiden verschieden, woraus eine unregelmäßige Oberflächenbeschaffenheit resultiert.

Die Technologie des Hochgeschwindigkeitsfräsens (HSC), bei der sich die Produktionskosten durch eine Verkürzung der Bearbeitungszeit stark verringern lassen, hat die Leistungsfähigkeit und Wirtschaftlichkeit der dreiachsigen Bearbeitung von Werkstücken mit Freiformflächen erhöht und dadurch ursprüngliche Einsatzgebiete des fünfachsigen Fräsens abgelöst /32, 33/. Für diese Technologie sind jedoch neue Maschinenkonzepte mit hochdynamischen Antriebssystemen erforderlich /34, 35/.

Die Vorteile des Einsatzes des fünfachsigen gegenüber dem dreiachsigen Fräsen, bei dem durch zwei zusätzliche rotatorische Achsen das Werkzeug während der Bearbeitung kontinuierlich an die Oberfläche des Werkstücks angepaßt werden kann, ergeben sich vor allem aus der Tatsache, daß zylindrische Werkzeuge eingesetzt werden können (Bild 2.3).

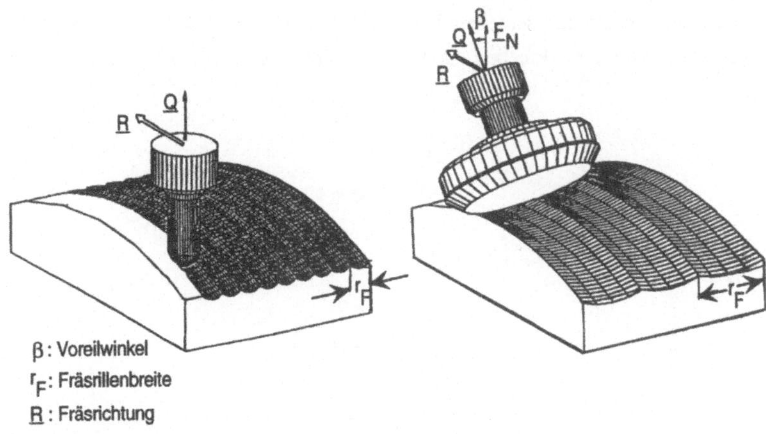

Bild 2.3:   Rillenprofil bei drei- und fünfachsigem Fräsen /31/

Dadurch wird eine hohe Zerspanleistung und eine kurze Bearbeitungszeit erreicht. Die Bahnabstände lassen sich durch diesen zerspantechnischen Vorteil vergrößern und bei gleicher Oberflächengüte die Fertigungszeiten und die manuellen Nacharbeiten gegenüber der dreiachsigen Fertigung deutlich verringern. Weiterhin können einige Werkstücke, wie beispielsweise Turbinenschaufeln und Pumpenlaufräder, aus Kollisionsgründen ausschließlich fünfachsig bearbeitet werden. Bei einer weiteren Anzahl von Teilen vermindern sich durch die fünfachsige Bearbeitung zusätzlich die Zahl der für die Bearbeitung erforderlichen Aufspannungen /19, 20, 36, 37/. Dadurch werden Ungenauigkeiten reduziert.

Diesen Vorteilen steht, verglichen mit der dreiachsigen Bearbeitung, die kompliziertere Erzeugung der NC-Steuerinformation gegenüber /5/. Die wesentlich größere Werkzeugauswahl, der zusätzliche Freiheitsgrad der Werkzeugorientierung und die notwendige Randbedingung, daß zu keinem Zeitpunkt der Bearbeitung eine Kollision des Werkzeugs mit dem Werkstück, mit Aufspannungen, mit Maschinenteilen usw. vorliegen darf, in Verbindung mit den schwer vorstellbaren Bewegungen der Maschinenachsen, erschwert die Programmierung gegenüber der dreiachsigen Bearbeitung erheblich und erfordert eine hohe Qualifikation des Programmierers und eine leistungsfähige Grafik- und Rechnerunterstützung. Je nach Eigenschaft des NC-Programmiersystems sind bestimmte Unzulänglichkeiten in der NC-Steuerinformation von vornherein nur schwer oder überhaupt nicht vermeidbar. Wie im <u>Bild 2.4</u> dargestellt, sind beispielsweise die tatsächlichen Achspositionen ein und desselben Punktes $P(x_0, y_0)$ bezogen auf das Werkstückkoordinatensystem von der aktuellen Orientierung des Werkzeugs und dessen Länge abhängig.

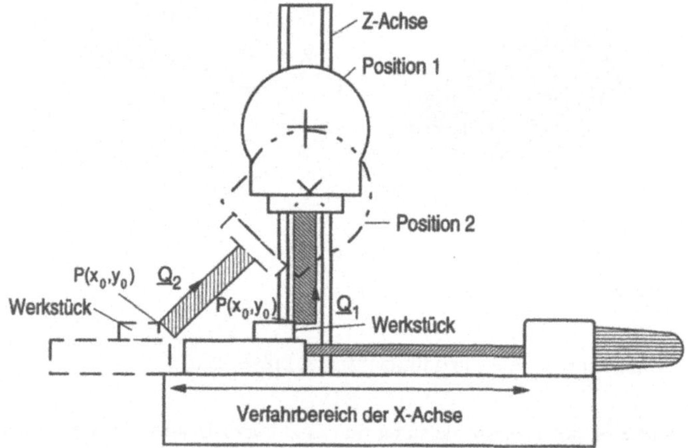

<u>Bild 2.4</u>: Abhängigkeit der Arbeitsraumgrenzen von der Werkzeugorientierung

Dadurch können Arbeitsraumverletzungen erst nach der Rückwärtstransformation der Verfahrbewegungen in das Maschinenkoordinatensystem, also im Postprocessor, oder sogar erst beim Einfahren des NC-Programms an der Maschine, festgestellt werden. Bei einer Verletzung des Verfahrbereiches einer Achse muß das NC-Programm in der Arbeitsvorbereitung mit einer veränderten Aufspannlage erneut generiert werden. Es besteht daher die Anforderung, direkt an der NC Änderungen der Aufspannlage durchführen zu können.

Anwender aus dem Werkzeug- und Formenbau beklagen, daß bei vielen Systemen keine ausreichende Kollisionskontrolle fünfachsiger Verfahrbewegungen möglich ist und somit das NC-Programm zuerst in Styropor getestet werden muß. Oft werden in einem Unternehmen mehrere CAD/CAM-Systeme angeschafft, um die jeweiligen Stärken eines Systems in verfahrensabhängigen, spezifischen Problemlösungen nutzen zu können /2/.

Um die Nachteile der aufwendigen Programmierung für fünf Achsen zu umgehen und trotzdem die fünf Maschinenachsen zu nutzen, wird mit fünfachsigen Fräsmaschinen oft eine drei-plus-zweiachsige Bearbeitung durchgeführt. Diese Betriebsart übersteigt im Formenbau sogar nach /2/ den Einsatz der fünfachsigen Bearbeitung, bei der alle fünf Achsen gleichzeitig interpoliert werden. Es können beispielsweise Kühlbohrungen, Hinterschnitte sowie schräg im Raum liegende Flächen bearbeitet werden, wobei die Anzahl der erforderlichen Umspannungen, Werkstückausrichtungen und das Einwechseln von Winkelköpfen, das immer mit Genauigkeitsverlusten verbunden ist, sich gegenüber der Fertigung auf dreiachsigen Werkzeugmaschinen reduziert.

2.2.2 Aufwendungen bei den Fertigungsverfahren

Grundsätzlich kommt der Einsatz der fünfachsigen Bearbeitung bei Werkzeugmaschinen und Fertigungseinrichtungen dann in Frage, wenn die zu bearbeitenden Werkstücke Freiformflächen aufweisen. Die verschiedenen Aufwendungen, die bei dem jeweiligen Bearbeitungsverfahren zu leisten sind, werden im folgenden anhand der in Tabelle 2.2 aufgeführten Kriterien diskutiert.

Neben der Zeit für die Bearbeitung selbst sind die Aufwände für die Erstellung der NC-Steuerinformation, also der Programmierung, und der Aufwand für die Inbetriebnahme des NC-Programms, das sogenannte Einfahren, zu berücksichtigen. Je weniger Aufspannungen für die Fertigung eines Werkstücks erforderlich sind, desto weniger Genauig-

- 24 -

keitsverluste treten auf und um so weniger Zeit ist insgesamt zur Herstellung erforderlich.

Fertigungsverfahren / Aufwand für	dreiachsiges NC-Fräsen		fünfachsiges NC-Fräsen	
	konventionell	HSC	3+2-achsig	fünf-achsig
Programmierung	mittel	hoch	hoch	sehr hoch
Einfahren von NC-Programmen	mittel	mittel	hoch	sehr hoch
Bearbeitungszeit	sehr hoch	mittel	hoch	niedrig
manuelle Nacharbeit	hoch	hoch	hoch	niedrig
erforderliche Aufspannungen	hoch	hoch	niedrig	niedrig

Bewertung: ○ niedrig ◑ mittel ◕ hoch ● sehr hoch

Tabelle 2.2: Aufwendungen bei der drei- und fünfachsigen Freiformflächenbearbeitung

Aus Tabelle 2.2 geht hervor, daß vor allem in den Bereichen Programmerstellung und dem Einfahren von NC-Programmen Nachteile gegenüber der dreiachsigen Bearbeitungstechnik bestehen, ansonsten jedoch das fünfachsige Fräsen den anderen Fertigungsverfahren überlegen ist. Abhängig von den im einzelnen Betrieb verfügbaren Maschinen, dem Personal und den Rechnersystemen sowie den vorhandenen Erfahrungen kommt die jeweils wirtschaftlichere Bearbeitungstechnik zum Einsatz.

Es sei angemerkt, daß die betriebliche Infrastruktur wesentlich in die Wirtschaftlichkeitsberechnung eingeht. Die Kriterien für ein und dasselbe Teil werden in verschiedenen Betrieben auch verschieden beurteilt und gewichtet. Somit kommen die technologischen Vorteile der fünfachsigen Bearbeitungstechnik aufgrund der aus der Programmierung resultierenden Nachteile oftmals nicht zum Einsatz. Es sind deshalb Strukturen zu diskutieren, die durch eine geeignete Steuerungstechnik die Nutzung der Vorteile erlauben.

2.3 Datenquellen für die fünfachsige Bearbeitung

Die NC-Steuerinformation für die fünfachsige Bearbeitung wird derzeit überwiegend von CAD/CAM-Systemen bzw. NC-Programmiersystemen in der Arbeitsvorbereitung, **ausgehend von CAD-Daten**, erzeugt. Die CAD-Daten des zu fertigenden Werkstücks werden eingelesen, aufbereitet und, unter Hinzufügung von Rohteilgeometrie, Werkzeugdaten und weiteren technologischen Daten werden hieraus die NC-Steuerinformation erzeugt (Bild 2.1).

Neben der Programmierung von NC über CAD/CAM-Systeme besteht auch ein hoher Bedarf an der Generierung von **NC-Steuerinformationen aus Digitalisierdaten** /38, 39/. Beispielsweise besteht im Formenbau oft die Notwendigkeit, für die Reparatur eines Preßwerkzeugs Teile eines Werkstücks zu digitalisieren und anschließend zu fräsen. Einzelne am Markt verfügbare NC bieten Unterstützung für die Digitalisierung von Werkstücken /40/. Verschiedene mechanische oder optische Abtastsysteme werden hierfür an Zusatzachsen oder in der Werkzeugaufnahme der Hauptspindel angebaut. In der NC sind Algorithmen und Strategien zur Bewegung des Tasters über das Werkstück vorhanden. Dabei können die Bewegungen des Tasters zum direkten Kopieren der Teile verwendet oder während der Bewegung aufgezeichnet werden. Teilweise sind zusätzlich Algorithmen zur Datenreduktion und zur näherungsweisen Ermittlung der Flächennormalen verfügbar /40/. Vereinzelt ist die On-line-Kopplung von der NC zu externen Rechnersystemen für die Erzeugung von NC-Programmen aus Digitalisierdaten möglich /41/. Funktionalitäten zur Manipulation digitalisierter Objekte sind in Steuerungen bislang nicht vorhanden.

Bauformen einzelner Werkzeugmaschinen mit fünf Achsen unterscheiden sich u.a. in der Anordnung der Achsen, der sogenannten Kinematik. Die heute nahezu ausschließlich übliche Verfahrwegdefinition durch Positionen, die sich auf die Maschinenachsen beziehen, führt dazu, daß NC-Programme jeweils nur auf einer speziellen Maschinensteuerung ablauffähig sind. Eine Definition der **Verfahrwege im maschinenunabhängigen Werkstückkoordinatensystem**, bestehend aus Werkzeugposition und Orientierung, würde es ermöglichen, die NC-Steuerinformation, abgesehen von speziellen Steuerungs- und Maschinenfunktionen, maschinenunabhängig zu gestalten. Voraussetzung seitens der NC hierfür ist das Vorhandensein einer kinematischen Rückwärtstransformation und einer geeigneten Bahnvorbereitung, die neben einer Verletzung der Arbeitsraumgrenzen (Bild 2.4) vor allem eine Überlastung der Maschinenantriebe bei starken Richtungsänderungen der Werkzeugorientierung verhindert. Einige am Markt verfügbare NC sind bereits mit einer derartigen Transformation ausgerüstet /40, 42/, eine Programmierung dieser Steuerungen im Werkstückkoordinatensystem, wie bereits in /43/ vorgeschlagen, findet bislang jedoch nicht statt. Die Gründe hierfür müssen noch erarbeitet werden.

3   Steuerungstechnik für die Freiformflächenbearbeitung

Numerische Steuerungen für die fünfachsige Freiformflächenbearbeitung müssen die von der NC-Programmierung erzeugte NC-Steuerinformation unter Einflußnahme des Maschinenbedieners in möglichst genaue Relativbewegungen zwischen Werkzeug und Werkstück umwandeln. Wichtige Kriterien für eine wirtschaftliche Nutzung der fünfachsigen Steuerungstechnik sind

- Einflußnahmemöglichkeiten des Maschinenbedieners (z.B. Korrekturen der Achsbewegungen, Änderungen von Aufspannlage und Werkzeuggeometrie),

- Qualität der Bearbeitung (Genauigkeit und Oberflächengüte),

- Dauer der Bearbeitung (möglichst hohe Vorschübe) und

- geringe Kosten (z.B. Programmierkosten, Zeitdauer für das Einfahren des NC-Programms, Maschinenstunden pro Werkstück).

Numerische Steuerungen für die fünfachsige Bearbeitung unterscheiden sich in ihrem softwaretechnischen Aufbau grundsätzlich nicht von dem anderer Steuerungen (Bild 3.1). Spezielle Funktionen für die fünfachsige Bearbeitung können in modularen Steuerungssystemen gut integriert werden /44, 45, 46, 47/.

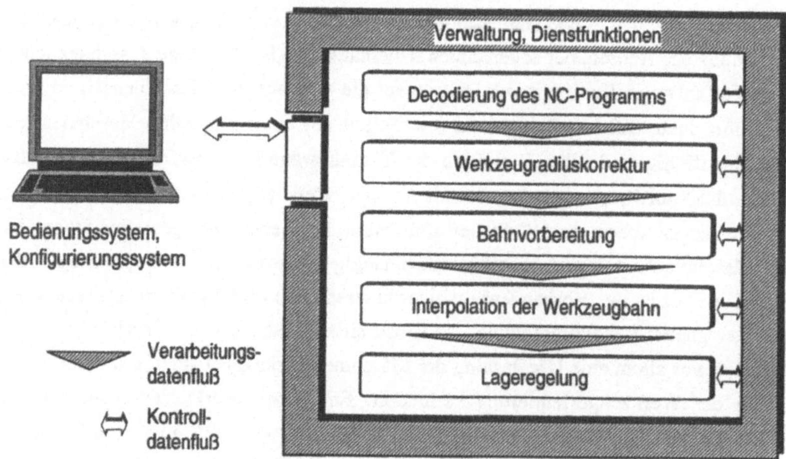

Bild 3.1: Softwarestruktur einer modularen numerischen Steuerung

Im folgenden werden die derzeitigen Möglichkeiten der Steuerungstechnik für die fünfachsige Fräsbearbeitung diskutiert.

3.1 Schnittstellen für die NC-Steuerinformation

Die Übertragung der NC-Steuerinformation erfolgt über eine NC-Programmierschnittstelle, deren Informationsgehalt in der DIN 66025 bzw. ISO 6983 beschrieben ist. Unterschiedliche Ausstattungsmerkmale verschiedener Maschinen, aber auch herstellerspezifische Erweiterungen haben dazu geführt, daß NC-Programme in der Praxis nicht auf Werkzeugmaschinen verschiedener Hersteller und unterschiedlichen Steuerungen ablauffähig sind. Dies gilt auch dann, wenn dies vom Arbeitsraum und von der Kinematik der Maschinenachsen her möglich wäre. Ein NC-Programm ist dadurch immer auf eine spezielle Kombination von Werkzeugmaschine und Steuerung zugeschnitten. Weiterhin stellt die bestehende NC-Programmierschnittstelle, wie bereits gezeigt wurde, durch ihren niedrigen Informationsgehalt einen Engpaß bezüglich der Datenübertragung dar und verhindert die Bereitstellung von Funktionen an der NC, die von den Anwendern gefordert werden /26/. Eine Erweiterung und Erneuerung der Schnittstelle zur Übertragung der NC-Steuerinformation für verschiedene Bearbeitungsverfahren ist Gegenstand gegenwärtiger Forschungsaktivitäten /48, 49, 50, 51/. Im folgenden wird zunächst untersucht, welche Möglichkeiten der Datenversorgung derzeitige NC für die fünfachsige Freiformflächenbearbeitung bieten.

3.1.1 Bahnvorgabe in Maschinenkoordinaten

Die Übertragung der NC-Steuerinformation vom NC-Programmiersystem an die NC ist in der DIN 66025 beschrieben, wobei es für fünfachsige Bewegungen keine speziellen Datenelemente gibt. Fünfachsige Fräsbewegungen können somit ausschließlich in Form von Linearsätzen bezüglich der fünf Achsen der Werkzeugmaschine übertragen werden. Um den kinematischen Fehler, also die Bahnabweichung, die sich aus einer linearen Interpolation zwischen zwei programmierten Werkzeugpositionen mit zugehöriger Werkzeugorientierung im Koordinatensystem der Maschinenachsen ergibt, gering zu halten, müssen die Abstände zwischen den Stützpunkten klein gehalten werden /23/. Deshalb ergibt sich eine sehr hohe Datenmenge an NC-Steuerinformationen, die Werte bis zu mehreren Megabytes annehmen kann. Weiterhin führt diese Art der Bahnbeschreibung dazu, daß weder die in der Arbeitsvorbereitung festgelegte Werkzeuggeometrie noch die Aufspannlage des Werkstücks - abgesehen von ebenen Verschiebungen - an der Maschine verändert werden können.

3.1.2 Bahnvorgabe durch Splines für die Maschinenachsen

Bislang berechnet der Postprocessor, nach der bereits angesprochenen Durchführung der kinematischen Transformation und einer Zwischeninterpolation, Linearsätze für die Maschinenachsen, die an die NC im Format DIN 66025 übertragen werden. Um diese Datenmenge zu reduzieren, wird ein Spline für jede der fünf Maschinenachsen berechnet (Bild 3.2,a). Dadurch wird der Rechenzeitbedarf für die Decodierung des NC-Programms geringer, und es steht mehr Rechenzeit zur Berechnung der Sollwerte für die Maschinenachsen in jedem Interpolationszyklus zur Verfügung. Deshalb werden höhere Vorschübe möglich. In /32/ wird eine Steigerung um den Faktor 5 bis 30 angegeben, um den dadurch die Weglänge pro NC-Satz gegenüber einer Programmierung nach DIN 66025 gesteigert werden kann.

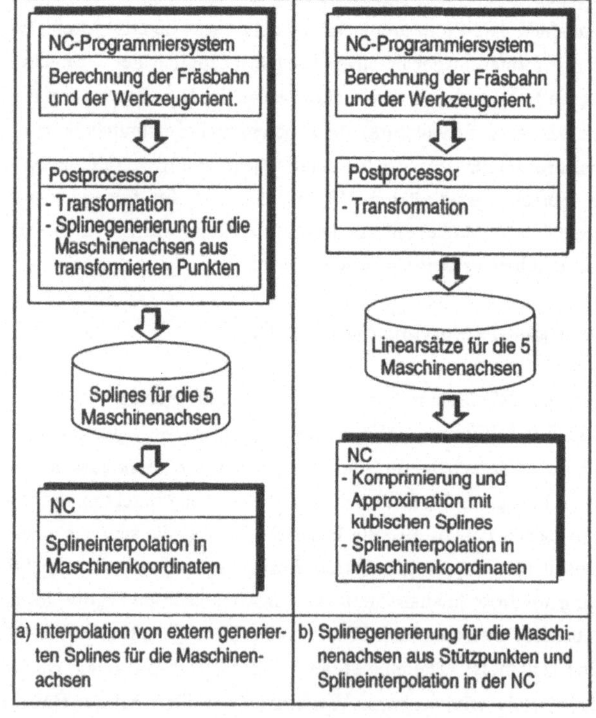

Bild 3.2: Strukturvarianten zur maschinenachsbezogenen Splineverarbeitung

Da bislang jedoch die auf verschiedenen am Markt verfügbaren NC vorhandene herstellerspezifische Splineinterpolation von kaum einem NC-Programmiersystem bzw. Postprocessor unterstützt wird, kann diese für die Freiformflächenbearbeitung nicht genutzt werden. Zur Übertragung von Splines an die NC werden derzeit Erweiterungen der NC-Programmierschnittstelle erarbeitet /49/. Als Ausweg wird deshalb beispielsweise die sehr hohe Anzahl von Linearsätzen zunächst auf der NC komprimiert und durch innerhalb der NC berechnete Splines approximiert (Bild 3.2,b). Spezielle Optionen stehen bei am Markt verfügbaren NC dafür zur Verfügung /42/. Dies stellt wegen der damit verbundenen Genauigkeitseinbußen nur eine Notlösung dar.

Das Problem bei beiden Vorgehensweisen besteht darin, daß, bedingt durch die kinematischen Zusammenhänge, die Fräsbahn nur an den transformierten Stützstellen mit der in der Arbeitsvorbereitung berechneten Fräsbahn übereinstimmt. Dies gilt unabhängig davon, ob die Splines in der Arbeitsvorbereitung oder in der NC berechnet wurden. Zwischen den Stützstellen werden die Achsbewegungen durch die fünf Splines jeweils approximiert. Durch die Überlagerung dieser fünf approximierten Achsbewegungen zwischen den Stützstellen wird, abhängig von der Maschinenkinematik und der aktuellen Position der Maschinenachsen, zusätzlich ein kinematischer Fehler verursacht. Dieser Fehler kann in der Arbeitsvorbereitung vorab nicht berechnet werden, da er von der Maschinenkinematik und der Auflösung des Splineinterpolators in der Steuerung abhängt. Gleiche Splinevorgaben führen deshalb bei unterschiedlicher Steuerung oder Maschinenkinematik zu verschiedenen Werkzeugbahnen. Eine hohe Bahntreue kann folglich nur über eine sehr hohe Anzahl von Stützpunkten bei der Splinegenerierung erzielt werden.

Aus diesen Gründen muß die Berechnung der Splines bei dieser Struktur zweckmäßigerweise in der Arbeitsvorbereitung erfolgen, da dort die Fräsbahn mit der höchstmöglichen Genauigkeit zur Verfügung steht und dort normalerweise genügend Rechenleistung vorhanden ist (Bild 3.2,b).

Somit ist die Generierung maschinenachsbezogener Splines aufgrund der Kinematikabhängigkeit problematisch, und es kann nur eine begrenzte Genauigkeit erreicht werden. Mit steigenden Genauigkeitsanforderungen müssen die Stützpunkte der Splines kürzer gewählt werden, was der ursprünglich beabsichtigten Datenreduktion entgegenwirkt.

3.1.3 Flächenorientierte Definition von Fräsbahnen

Durch den Einsatz einer Flächendatenverarbeitung in der numerischen Steuerung können ein hoher Informationsgehalt der NC-Steuerinformation und neue Funktionen für den Maschinenbediener verwirklicht werden. Hierbei werden die mathematischen Beschreibungen der zu bearbeitenden Freiformflächen vom NC-Programmiersystem an die NC weitergeleitet. Fräsbahnen werden vom Programmiersystem /52, 53/ oder auch direkt an der Steuerung /54, 55/ - /56/ für dreiachsiges Fräsen auf IGES-Flächen - in Form von Flächenkurven, d.h. Kurven, die in den Parameterkoordinaten der Freiformfläche beschrieben sind, vorgegeben. Dadurch wird eine wesentlich erweiterte Funktionalität an der NC möglich /26, 55, 57, 58, 59, 60/. Aufgrund der in der NC verfügbaren Flächenbeschreibung kann die gesamte Umrechnung der Fräsbahn, von der vorgegebenen Bahn des Eingriffspunktes des Werkzeugs mit dem Werkstück bis zu den zeitdiskreten Sollwerten, für die Achsen der Werkzeugmaschine unter Berücksichtigung von Echtzeitgrößen innerhalb der NC optimal und auf den Prozeß abgestimmt berechnet werden. Beispielsweise wird eine räumliche Werkzeuggeometriekompensation vollständig innerhalb der NC durchgeführt, wodurch der Maschinenbediener ohne Mitwirkung des Programmiersystems die Werkzeuggeometrie an aktuell verfügbare Werkzeuge anpassen kann. Erfolgt die Interpolation auf der Bahn und nicht im Koordinatensystem der Maschinenachsen, werden Genauigkeitsverluste durch Diskretisierung und Linearisierung vermieden, und kinematische Fehler durch die Transformation treten nicht auf /61/.

3.1.3.1 Strukturvarianten für flächenorientierte Steuerungen

Um möglichst wenig Genauigkeitsverluste zu erhalten, müßte, wie in <u>Bild 3.3</u>,a dargestellt, idealerweise die Fräsbahn direkt auf der Fläche interpoliert werden. Im Interpolationstakt müßte, abhängig vom programmierten Vorschub, ein Bahninkrement bestimmt, die 3D-Werkzeuggeometriekompensation durchgeführt und die Transformation der Sollwerte für Position und Orientierung des Werkzeugs vom Raum in die Maschinenachsen durchgeführt werden. Wegen der hohen erforderlichen Rechenzeit ist diese Struktur im Gegensatz zu den beiden anderen in Bild 3.3 dargestellten Varianten in den genannten NC derzeit nicht verwirklicht, da dort Interpolationstakte von nur wenigen Millisekunden gefordert werden. Vor allem bewirkt die nicht vorab bekannte Polynomordnung der Flächenbeschreibungen starke Schwankungen in der erforderlichen Rechenzeit und verbietet damit die Realisierung unter Echtzeitbedingungen.

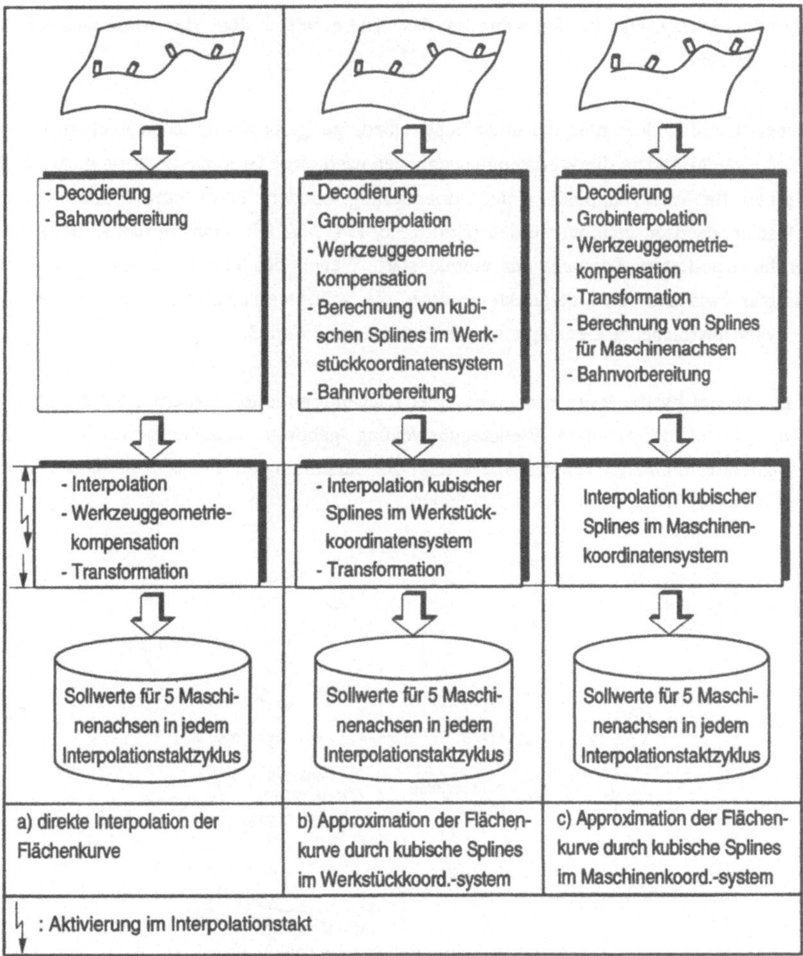

<u>Bild 3.3</u>:   Strukturvarianten für flächenorientierte Steuerungen

Verwirklicht hingegen ist die Struktur in Bild 3.3,b, wo die Fräsbahn zunächst grobinter-
poliert, d.h. segmentiert, und an den Nahtstellen eine diskrete Werkzeuggeometriekompensation durchgeführt wird /26, 52/. Durch die Bildung von kubischen Splines für
Werkzeugposition und Orientierung wird die ursprüngliche Fräsbahn auf der Fläche approximiert. Die Genauigkeit ist vom Abstand der grobinterpolierten Punkte abhängig.
Die Interpolation findet im Werkstückkoordinatensystem statt, ebenso werden in jedem

Interpolationszyklus die Sollwerte in das Koordinatensystem der Maschinenachsen transformiert.

Eine weitere Reduzierung der unter Echtzeitbedingungen erforderlichen Rechenleistung wird erreicht, indem die Werkzeugbewegungen nach einer Grobinterpolation nicht durch Splines für Werkzeugposition und -orientierung, sondern durch fünf Splines für die Maschinenachsen gebildet werden (Bild 3.3,c) /54, 55/. Die Transformation findet pro grobinterpoliertem Segment nur einmal statt. Wegen des kinematischen Fehlers der Splines zwischen den Stützpunkten müssen die Splinesegmente klein gehalten werden, um eine ausreichende Genauigkeit zu erreichen (siehe Kap. 3.1.2).

Ein Beispiel für die Programmierung einer flächenorientierten Steuerung zeigt <u>Bild 3.4</u>. Der zu der dargestellten Werkzeugbewegung gehörige Ausschnitt aus dem NC-Programm im unteren Teil des Bildes zeigt die Darstellung der Fräsbahnen als NC-Sätze in Form von Erweiterungen der DIN 66025.

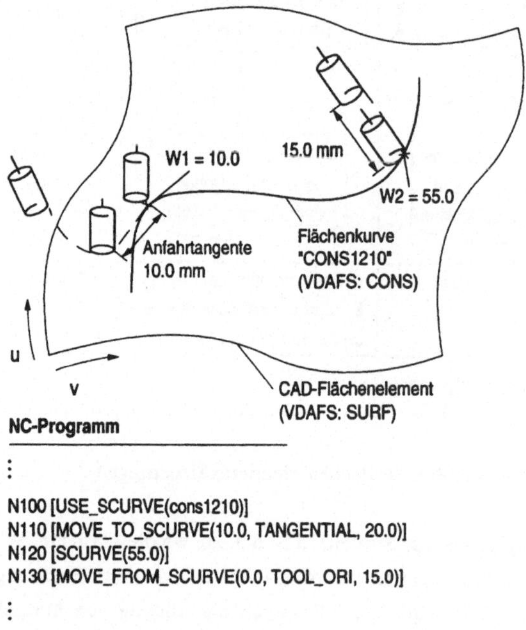


```
N100 [USE_SCURVE(cons1210)]
N110 [MOVE_TO_SCURVE(10.0, TANGENTIAL, 20.0)]
N120 [SCURVE(55.0)]
N130 [MOVE_FROM_SCURVE(0.0, TOOL_ORI, 15.0)]
```

<u>Bild 3.4</u>: Flächenorientierte Programmierung von Fräsbahnen

3.1.3.2 Erzeugung der NC-Steuerinformation für flächenorientierte Steuerungen

Das Hauptproblem bei der flächenbezogenen Fräsbahndefinition liegt in der Erzeugung der Flächenkurven, die von geeigneten NC-Programmiersystemen bereitgestellt werden müssen. Grundsätzlich sind nur solche Programmiersysteme geeignet, deren Fräsbahnerzeugung keine Triangulation - eine Approximation durch Dreiecksflächen - der Flächen zur Vereinfachung der Berechnungen durchführt, sondern auf den tatsächlichen CAD-Daten beruht /62/. Wie in <u>Bild 3.5</u> dargestellt, werden dort Fräsbahnen auf der Bearbeitungsfläche hauptsächlich in Form von

- Parameterlinien (u=const. oder v=const.),

- Schnittkurven zwischen Bearbeitungsfläche und Leitflächen (ebene oder zylindrische Flächen), die speziell für die Fräsbahndefinition vom Programmierer vorgegeben werden,

- oder über Stützpunkte

definiert /27, 28/. Der erste Fall stellt den einfachsten Fall einer Flächenkurve dar, deren Beschreibung mit u=const. bzw. v=const. sofort angegeben werden kann, wenn u und v die Parameter der Flächenbeschreibung sind. Während das fünfachsige Fräsen entlang von Parameterlinien vor allem in der Vergangenheit praktiziert wurde /15/, besteht heute die Anforderung, flächenübergreifend und unabhängig von der CAD-Modellierung Fräsbahnen definieren zu können.

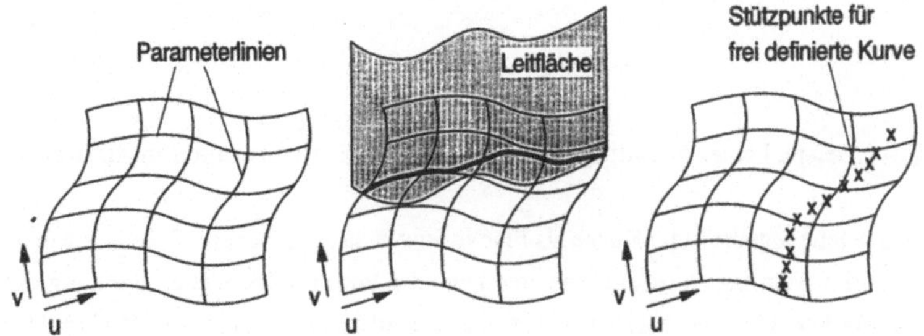

<u>Bild 3.5</u>: Fräsbahndefinition auf einer Freiformfläche /28, 29/

Im zweiten Fall läßt sich eine geschlossene Lösung in Form einer Flächenkurve K mit

$$K(u,v) = \sum_i a_i u^i + b_i v^i \, , \tag{3.1}$$

i. allg. nicht darstellen. Vielmehr ergibt sich eine algebraische Kurve in jeweils einer Umgebung, darzustellen beispielsweise in Form eines nichtlinearen Gleichungssystems /63, 64, 65/. Im dritten Fall muß die Flächenkurve zwischen den Stützpunkten auf der Fläche approximiert werden.

Der Grad der Schnittkurve zweier in Parameterdarstellung gegebenen Flächen $X_1(s, t)$ mit dem Grad (m_1, n_1) und $X_2(u, v)$ mit dem Grad (m_2, n_2) beträgt im allgemeinen Fall $4 \cdot m_1 \cdot m_2 \cdot n_1 \cdot n_2$ /65/. Der Schnitt einer Ebene mit einer bikubischen Fläche ist im allgemeinen Fall somit bereits eine Kurve vom Grad 36. Wie in Bild 3.6 angegeben, kann die Schnittfigur K(t) einer Ebene E und einer bikubischen Fläche F(u,v) beispielsweise in mehrere einzelne Kurven zerfallen.

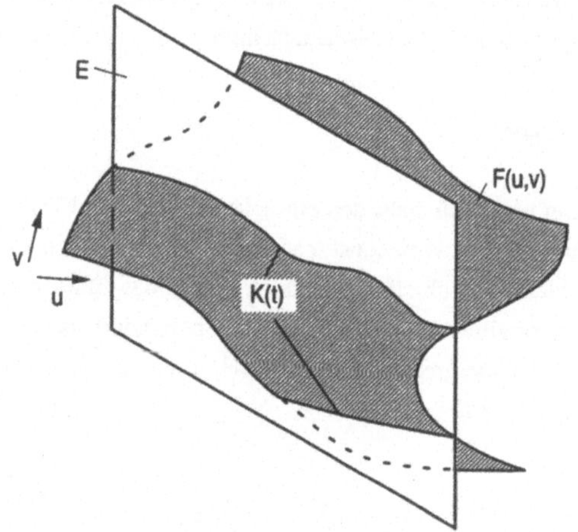

Bild 3.6: Beispiel einer Schnittfigur K(t) einer Ebene E mit einer Freiformfläche F(u,v)

Um eine solche algebraische Kurve als Flächenkurve darzustellen, muß diese als diskrete Folge von Punkten in die (u,v)-Parameterebene der Freiformflächenbeschreibung umgerechnet werden. Die Interpolation der daraus resultierenden Folge von Punkten in der (u,v)-Parameterebene liefert dann eine oder mehrere Flächenkurven von der Form wie in Gleichung (3.1) angegeben. Der Vorteil einer durchgängigen Splineverarbeitung, der in /26/ als wesentlicher Vorteil angeführt ist, ist dadurch nicht mehr gegeben.

Eine Versorgung von flächenorientierten Steuerungen mit einer entsprechenden NC-Steuerinformation ist deshalb nur für den Spezialfall der Bearbeitung mit Parameterlinien sowie mit solchen Programmiersystemen möglich, die durch leistungsfähige Geometriemodellierer die berechnete Fräsbahn als Kurve in dem Koordinatensystem der Flächenparameter darstellen können. In allen anderen Fällen müssen punktweise definierte Kurven in das Flächenkoordinatensystem zurückgerechnet werden. Abgesehen von prototyphaften Realisierungen /52, 66, 67/, die den Beweis der Machbarkeit erbracht haben, wird derzeit diese Funktionalität von keinem am Markt verfügbaren NC-Programmiersystem angeboten.

3.2 Beeinflussungsmöglichkeiten an der Steuerung beim fünfachsigen Fräsen

Die Wirtschaftlichkeit der fünfachsigen Bearbeitungstechnik wird entscheidend dadurch beeinflußt, ob und wie schnell der Maschinenbediener sein Erfahrungswissen in den Bearbeitungsprozeß einbringen kann /30/. Hier liegt ein hohes Innovationspotential, das bislang noch nicht ausgeschöpft wurde /10/. Fertigungsbedingte Änderungen des NC-Programms sind bei konventionellen Steuerungen nur in geringem Maß möglich /68/ (Bild 3.7). Insbesondere beim Einfahren fünfachsiger NC-Programme, wo sehr oft Änderungen vorgenommen werden müssen, führt dies zu erheblichen Verzögerungen.

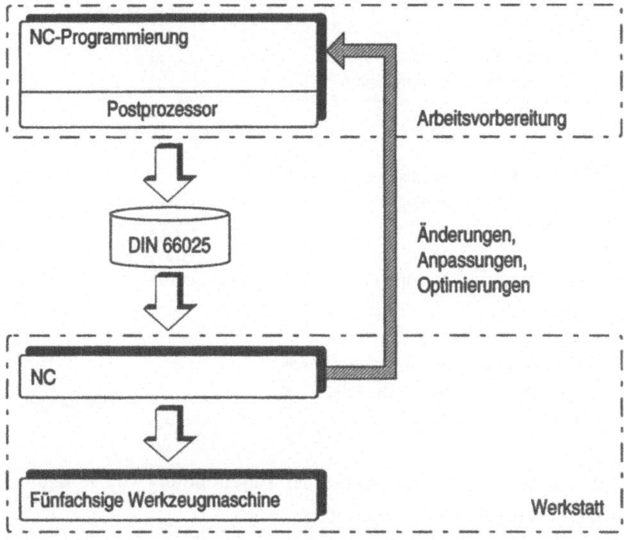

<u>Bild 3.7</u>: Heutige Vorgehensweise bei der Durchführung von fertigungsbedingten Änderungen in der NC-Steuerinformation

Beispielsweise sind Änderungen der Werkzeuggeometrie oder der Aufspannposition, wie sie bei der dreiachsigen Bearbeitung an der NC möglich sind, bei der fünfachsigen Bearbeitung nur über den Weg der Arbeitsvorbereitung möglich (Bild 3.7).

Oberstes Ziel einer Verbesserung der Wirtschaftlichkeit der fünfachsigen Bearbeitung muß deshalb sein, dem Bediener an der Maschine die Funktionen bereitzustellen, die er braucht, um das von der Arbeitsvorbereitung erstellte NC-Programm schnell in Betrieb nehmen zu können und während der Programmabarbeitung notwendige prozeßoptimierende Änderungen selbständig, wie in <u>Bild 3.8</u> dargestellt, und ohne Umweg über die Arbeitsvorbereitung durchführen zu können /52, 58, 66, 69/.

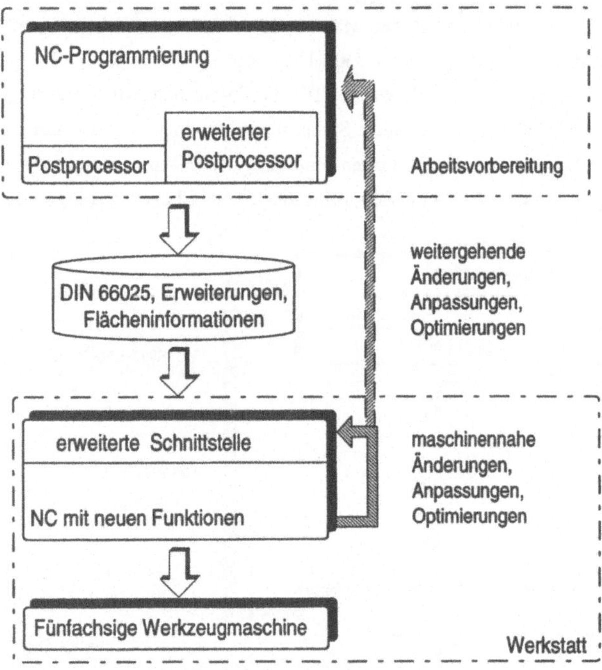

<u>Bild 3.8</u>: Verbesserte Vorgehensweise bei der Durchführung von fertigungsbedingten Änderungen in der NC-Steuerinformation

Eine wesentliche Funktion hierbei ist die Veränderung der Werkzeuggeometrie, da oft das in der Arbeitsvorbereitung vorgesehene Werkzeug zum Zeitpunkt der Fertigung an der Maschine nicht vorhanden ist, inzwischen nachgeschliffen wurde oder nur ein ähnliches Werkzeug verfügbar ist. Dabei genügt es meist, die Werkzeuggeometrie innerhalb enger Grenzen beeinflussen zu können. Weiterhin werden von den Anwendern auch Funktionen wie die Umgestaltung von An- und Abfahrbewegungen, Änderungen der Bearbeitungsreihenfolge, Optimierung von Vorschüben, Schnittwerten usw. gewünscht.

Abhängig von dem Informationsgehalt der Daten, mit denen die NC versorgt wird, können gewisse Funktionen direkt an der NC ausgeführt werden, während andere nach wie vor nur im Programmiersystem in der Arbeitsvorbereitung ausgeführt werden können. Im folgenden werden daher die Möglichkeiten, gegliedert nach der Art der NC-Steuerinformation, diskutiert.

3.2.1 Beeinflussungsmöglichkeiten auf Basis von Linearsätzen nach DIN 66025

Bei der zweieinhalbachsigen Bearbeitung muß das Werkzeug im Abstand des halben Durchmessers von der Sollkontur geführt werden (Bild 3.9). Dabei müssen an Außenecken Konturelemente eingefügt und an Innenecken u.U. Teile der Kontur weggelassen werden /70/. Je nachdem, ob sich das Werkstück links oder rechts vom Werkzeug befindet, muß die Führung des Werkzeugs ebenfalls links oder rechts von der Sollkontur erfolgen. In DIN 66025 wird dies durch G41 bzw. G42 festgelegt.

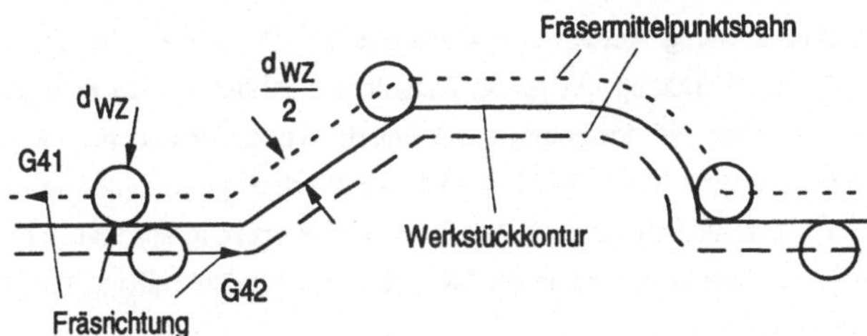

Bild 3.9: Werkzeugradiuskorrektur bei ebener Bearbeitung

Bei der drei- bis fünfachsigen Bearbeitung bedeutet eine vollständige Kompensation der Werkzeuggeometrie, wie in Bild 3.10 dargestellt, die Berechnung eines räumlichen Vektors von dem gedachten Eingriffspunkt des Werkzeugs mit dem Werkstück zu dem Werkzeugmittelpunkt. Die Werkzeuglänge kann entweder direkt im Anschluß oder im Rahmen der kinematischen Rückwärtstransformation nach der Interpolation berücksichtigt werden. Diese Berechnungen werden normalerweise in der Arbeitsvorbereitung durch NC-Programmiersysteme ausgeführt. Dabei sind Informationen über den Normalenvektor der zu bearbeiteten Fläche und den Bahntangentenvektor im Eingriffspunkt erforderlich /26, 27/. Da die hierfür benötigten Informationen in DIN 66025 nicht vorhanden sind, kann die Werkzeuggeometrie an der Steuerung nicht beeinflußt werden.

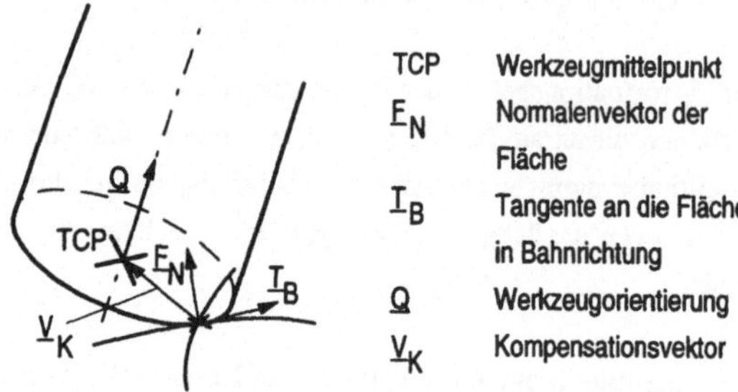

<u>Bild 3.10</u>: 3D-Werkzeuggeometriekompensation bei der fünfachsigen Bearbeitung

Eine Veränderung der Werkzeuggeometrie, wie z.B. eine andere Schneidenform oder ein veränderter Durchmesser des Werkzeugs, ist somit auf Basis von Linearsätzen nach DIN 66025 grundsätzlich nicht möglich. Inwiefern eine Änderung der Werkzeuglänge berücksichtigt werden kann, wird in den folgenden Abschnitten diskutiert.

In der Arbeitsvorbereitung werden konventionelle NC-Programme für die fünfachsige Bearbeitung für ein Werkzeug mit genau festgelegten Abmessungen erzeugt. Die Verwendung eines solchen NC-Programms mit einem Werkzeug anderer Länge ist ohne zusätzliche Funktionalität in der NC lediglich bei Werkzeugmaschinen mit kombiniertem Dreh- und Schwenktisch möglich, bei denen das Werkzeug auf keiner rotatorischen Achse befestigt ist. Dort kann eine an der NC geänderte Werkzeuglänge als Offset der Z-Achse berücksichtigt werden.

In allen anderen Fällen müssen bei einer veränderten Werkzeuglänge die Positionen der linearen Achsen, wie in <u>Bild 3.11</u> dargestellt, kompensiert werden. Diese Kompensationswerte hängen dabei von den momentanen Positionen der rotatorischen Achsen ab. Die Positionen der rotatorischen Achsen selbst bleiben hiervon unberührt, da sie allein die Orientierung des Werkzeugs bestimmen und diese nicht verändert werden soll.

Werden die Kompensationswerte lediglich an den programmierten Stützstellen beaufschlagt /71/, wird ein kinematischer Fehler verursacht (Bild 3.11). Dieser ist nur bei sehr kurzen Stützpunktabständen bzw. sehr geringer Werkzeuglängenänderung vernachlässigbar. Um dies zu vermeiden, ist eine Verrechnung in jedem Interpolationszyklus T_i erforderlich. Für eine Werkzeugmaschine mit werkzeugtragendem Dreh-Schwenk-Kopf am Schlitten der Z-Achse können mit Hilfe elementargeometrischer Überlegungen die Inkremente für die linearen Achsen folgendermaßen berechnet werden:

$$\Delta X_i = \Delta l_{WZ} \cdot \sin\beta_i$$
$$\Delta Y_i = \Delta l_{WZ} \cdot \sin\alpha_i \qquad , \text{mit } \Delta l_{WZ} = l_{WZ2} - l_{WZ1} \qquad (3.2)$$
$$\Delta Z_i = \Delta l_{WZ} \cdot (\cos\alpha_i + \cos\beta_i)$$

Dabei bezeichnet α_i die aktuelle Stellung der A-Achse und β_i die der B-Achse im Interpolationszyklus T_i.

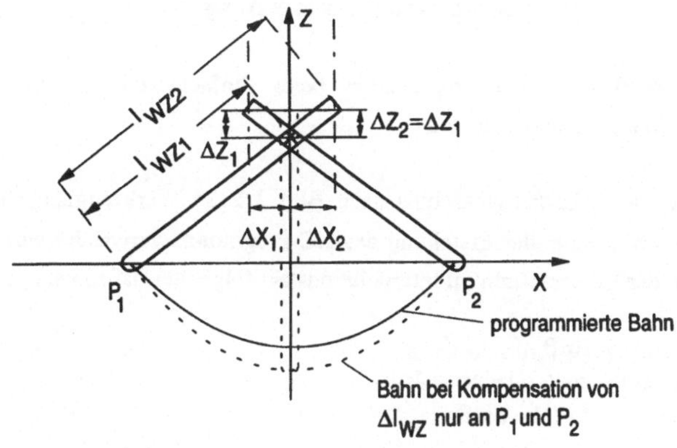

<u>Bild 3.11</u>: Kinematischer Fehler bei nur an Stützstellen durchgeführter Werkzeuglängenkompensation

In <u>Bild 3.12</u> ist die Verschiebung der X- und der Z-Achse um die Kompensationswerte ΔX bzw. ΔZ bei einer Verkürzung der Werkzeuglänge dargestellt.

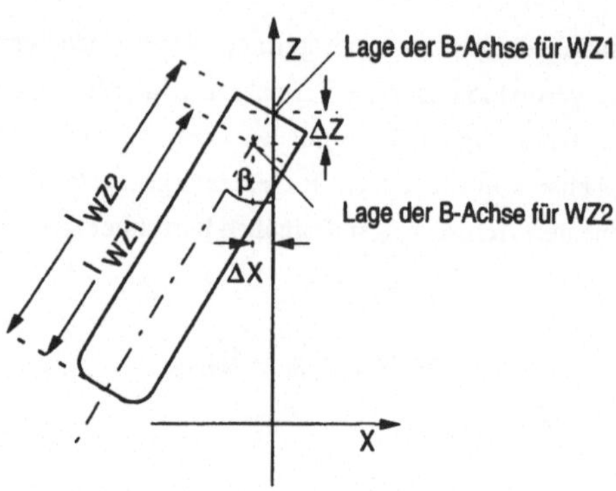

β : aktuelle Stellung der B-Achse
WZ1: ursprünglich vorgesehenes Werkzeug
WZ2: neu zu berücksichtigendes Werkzeug

<u>Bild 3.12</u>: Werkzeuglängenkompensation beim fünfachsigen Fräsen auf Basis von Maschinenkoordinaten

Weicht bei der Werkzeugmaschine nach Bild 2.2 die Werkzeuglänge um Δl_{WZ} von derjenigen ab, die bei der Erstellung des NC-Programms verwendet wurde, müssen die Positionen der Linearachsen im Interpolationstakt folgendermaßen nachgeführt werden:

$$\Delta x_i = \Delta l_{WZ} \cdot \sin\gamma \cdot \sin\beta_i$$
$$\Delta y_i = \Delta l_{WZ} \cdot \sin\gamma \cdot \cos\gamma \cdot (1 - \cos\beta_i) \qquad (3.3)$$
$$\Delta z_i = \Delta l_{WZ} \left[1 - \sin^2\gamma \cdot (1 - \cos\beta_i)\right]$$

Dabei ist γ der Neigungswinkel der B-Achse gegenüber der Y-Achse und damit eine Konstante. Die Werte $\sin\gamma$, $\sin\gamma \cdot \cos\gamma$ und $\sin^2\gamma$ können somit vorab berechnet und in den Maschinendaten abgelegt werden. β_i ist die aktuelle Position der B-Achse. Die Berechnungen nach Gleichung (3.2) und (3.3) stellen jeweils eine vereinfachte kinematische Rückwärtstransformation dar, die unter Berücksichtigung der jeweiligen Anordnung der Maschinenachsen in jedem Einzelfall berechnet werden muß.

3.2.2 Beeinflussungsmöglichkeiten bei Fräsbahnen in Form von Splines

Splines in Maschinenkoordinaten haben denselben Informationsgehalt wie Linearsätze nach DIN 66025. Folglich bestehen dadurch dieselben eingeschränkten Möglichkeiten der Einflußnahme an der NC wie bei einer Programmierung nach DIN 66025. Das Problem der Auswahl eines geeigneten Splineverfahrens wird derzeit meist in den Bereich der Arbeitsvorbereitung verlagert oder in der Werkstatt durch der NC vorgeschaltete Rechner off line durchgeführt /7/.

Fräsbahnen können maschinenunabhängig in Form von Positionen für den Werkzeugbezugspunkt und den zugehörigen Orientierungen vorgegeben werden, falls die Steuerung eine kinematische Transformation für die fünfachsige Bearbeitung besitzt /40, 42/. Dadurch ist eine Werkzeuglängenkorrektur an der NC ohne zusätzliche Algorithmen möglich. Durch die Bereitstellung geeigneter Zusatzinformationen können auch noch weitere geometrische Parameter des Werkzeugs an der NC verändert werden. Damit ist es möglich, maschinenunabhängige NC-Programme zu erzeugen, ohne daß grundlegende Strukturen in der Arbeitsvorbereitung verändert werden müssen. Eine geeignete Verfahrensweise wird im weiteren Verlauf dieser Arbeit diskutiert.

3.2.3 Beeinflussungsmöglichkeiten bei flächenorientierten Fräsbahnen

Durch die in der NC verfügbare Flächenbeschreibung, verbunden mit einer flächenbezogenen Fräsbahndefinition, ist eine vollständige Kompensation der Werkzeuggeometrie möglich. Ebenso können beispielsweise Anzahl und Abstand der Fräsbahnen und die An- und Abfahrbewegungen beeinflußt werden. Bei entsprechender Grafikausstattung der NC können diese Funktionen grafisch unterstützt benutzerfreundlich gestaltet werden. Da flächenorientierte NC heute keine Kollisionskontrolle durchführen, müssen die Funktionen an der NC durch Vorgaben des NC-Programmiersystems eingeschränkt werden, damit keine Kollisionen verursacht werden. So ist beispielsweise die Variation der Werkzeuggeometrie durch minimale und maximale Werte für Durchmesser und Länge des Werkzeugs beschränkt. In der Arbeitsvorbereitung wird die Kollisionskontrolle mit dem größten erlaubten Hüllkörper des Werkzeugs, die Berechnungen für die Oberflächenrauhigkeit - die Struktur des Fräsrillenprofils - mit den kleinsten Abmessungen des Werkzeugs durchgeführt, um die Anforderungen nach Kollisionsfreiheit und Oberflächenbeschaffenheit nicht durch Bedienereingaben an der NC zu verletzen /27/.

3.3 Bewertung und Zielsetzung der Arbeit

In den folgenden beiden Tabellen wird zusammengefaßt dargestellt, welche Möglichkeiten der Einflußnahme auf die Bearbeitung derzeit bestehen und mit welchen Eigenschaften die fünfachsige Freiformflächenbearbeitung an der NC jeweils verbunden ist. Aus deren Diskussion ist das Ziel der vorliegenden Arbeit abzuleiten.

3.3.1 Bewertung derzeitiger NC für die fünfachsige Bearbeitung

In der Tabelle 3.1 sind die Funktionen an der Steuerung in Abhängigkeit von der NC-Steuerinformation dargestellt. Grundsätzlich ist eine Manipulation der Fräsbahnen, wie die Veränderung von An- und Abfahrbewegungen, und eine räumliche Veränderung der Aufspannlage - auch eine ebene Drehung - im Maschinenkoordinatensystem unmöglich. Dies liegt daran, daß aus den Position der fünf Maschinenachsen nicht berechnet werden kann, an welcher Stelle sich das Werkzeug mit dem Werkstück im Eingriff befindet. Eine Kompensation der Werkzeuglänge ist, wie in Abschnitt 3.2.2 erläutert, nur in Verbindung mit einem zusätzlichen Transformationsalgorithmus durchführbar. Dieser muß, sofern zusätzliche Bahnabweichungen durch kinematische Fehler vermieden werden sollen, nach jedem Interpolationsschritt ausgeführt werden. Hierfür ist die erforderliche Rechenzeit bereitzustellen (siehe Tabelle 3.2).

NC-Steuerinformation \ Funktion an der NC	Kompensation der Werkzeuglänge	vollständige Kompensation der Werkzeuggeometrie	räumliche Veränderung der Aufspannlage	Veränderung von Werkzeugbewegungen
DIN 66025 (Linearsätze)	◐	○	○	○
Splines im Maschinenkoordinatensystem	◐	○	○	○
Splines im Werkstückkoordinatensystem	●	*) ◐	◐	○
Flächenorientierte Fräsbahnvorgabe	●	●	●	●

Bewertung:
○ nicht möglich
◐ mit zusätzlichen Algorithmen möglich
● möglich

*) zusätzliche Informationen um den Eingriffspunkt erforderlich

Tabelle 3.1: Funktionen an der NC, abhängig von der NC-Steuerinformation

Das Potential einer Berechnung und Interpolation von Splines im Werkstückkoordinatensystem, bestehend aus Werkzeugposition und Werkzeugorientierung, ist heute noch nicht erschöpft. Ohne weitere Zusatzinformationen ist eine Veränderung der Werkzeuglänge an der Steuerung möglich. Durch Hinzufügen von geeigneten Zusatzinformatio-

- 43 -

nen, die im Rahmen dieser Arbeit diskutiert werden, kann an der Steuerung eine Beeinflussung aller geometrischen Werkzeugparameter vorgenommen werden.

NC-Steuerinformation / Bewertungskriterium	zu übertragende Datenmenge	erforderliche Rechenleistung auf der NC	Genauigkeitsverluste	Aufwand für Koordination mit der AV
DIN 66025 (Linearsätze)	●	○	●	○
DIN 66025 (Linearsätze) Algorithmus für Komp. der Werkzeuglänge	●	◐	●	○
Splines im Maschinenkoordinatensystem; Berechnung in der AV	◐	◐	◐...●	◐
Splines im Maschinenkoordinatensystem; Berechnung in der NC aus G01-Sätzen	●	◐	●	○
Splines im Werkstückkoordinatensystem	◐	◐	○...◐	○...◐
Flächenorientierte Fräsbahnvorgabe	*)○...●	●	○	●

Bewertung:
○ gering
◐ mittel
● hoch

*) zzgl. CAD-Daten (Datenmenge abhängig vom Werkstück)
AV: Arbeitsvorbereitung

Tabelle 3.2: Eigenschaften der Steuerung, abhängig von der NC-Steuerinformation

Aus der Tabelle 3.2 ist erkennbar, daß alle Arten von NC-Steuerinformationen, die Bewegungen im Maschinenkoordinatensystem beschreiben, mit hohen an die NC zu übertragenden Datenmengen verbunden sind. Werden die Splines in der Arbeitsvorbereitung berechnet, so ist die Datenmenge, abhängig von der gewünschten Genauigkeit (siehe Kapitel 3.1.2), weniger groß, jedoch muß die Art des Splines zwischen Arbeitsvorbereitung und NC im Einzelfall abgestimmt werden. Durch die außerhalb der Steuerung durchgeführte Transformation sind die Genauigkeitsverluste höher als bei Fräsbahnen im Werkstückkoordinatensystem.

Durch die flächenorientierte Programmierung können an der Steuerung vom Prinzip her alle Bedürfnisse der Anwender bei der fünfachsigen Bearbeitung erfüllt werden. Die Generierung der zugehörigen NC-Steuerinformation hingegen bereitet große Schwierigkeiten, da, wie in Kapitel 3.1.3 erläutert, eine flächenbezogene Fräsbahnvorgabe durch NC-Programmiersysteme derzeit i. allg. nicht möglich ist. Die Schaffung derartiger Schnittstellen ist mit hohem Aufwand verbunden, und die Anpassung vorhandener NC-Verfahrensketten bringt teilweise enorme Veränderungen der beteiligten Komponenten mit sich /72/. Die hierbei zu übertragenden NC-Programme sind kompakt und gut lesbar aufgebaut (siehe Beispiel in Kap. 3.2.4) und somit von geringem Umfang, jedoch sind zusätzlich die CAD-Daten der zu bearbeitenden Werkstückoberflächen an die NC zu übertragen. Diese müssen jedoch nicht Zeile für Zeile on line decodiert werden. Vielmehr werden, abhängig von den Referenzen im NC-Programm, nur die jeweils betroffenen Datenelemente innerhalb einer flächenorientierten Steuerdatenaufbereitung verarbeitet.

3.3.2   Zielsetzung und Vorgehensweise

Am Markt verfügbare numerische Steuerungen für die fünfachsige Fräsbearbeitung können derzeit die Forderungen der Anwender, wie eine Beeinflussung der Werkzeuggeometrie und eine Veränderung der Aufspannlage, nicht erfüllen. Einzelne Systeme mit gegenüber Standard-NC erweiterter Funktionalität stellen Prototypen oder geschlossene, firmenspezifische Lösungen mit spezifischen Vor- und Nachteilen dar, die sich am Markt nicht durchsetzen konnten.

Im Rahmen der vorliegenden Arbeit wird deshalb untersucht, inwieweit auf Basis der in der Arbeitsvorbereitung verfügbaren NC-Steuerinformation die von den Anwendern geforderten Eigenschaften und Funktionalitäten der NC bereitgestellt werden können. Dazu müssen zunächst verschiedene Strukturen zur Nutzung von Splines für die fünfachsige Fräsbearbeitung diskutiert werden. Es müssen für den Einsatz in numerischen Steuerungen geeignete Arten von Splines und deren Generierung und Weiterverarbeitung bis zur Interpolation hergeleitet werden.

Daraus sind unter den Randbedingungen des derzeitigen Standes der Technik realisierbare Algorithmen und Module einer Steuerung für die fünfachsige Freiformflächenbearbeitung zu erarbeiten.

4 Untersuchung und Auswahl von Splines für den Einsatz in numerischen Steuerungen

Zunächst muß untersucht werden, wie eine Verarbeitung von Splines bei der fünfachsigen Fräsbearbeitung auf geeignete Weise eingesetzt werden kann. Basis einer sogenannten **durchgängigen Splineverarbeitung**, also einer geschlossenen Darstellung der Fräsbahn, die von der Definition in der NC-Programmierung bis zur Interpolation in der NC verwendet wird, ist die Definition der Fräsbahn auf der CAD-Fläche in mathematisch geschlossener Form.

Nachdem durch die NC-Programmierung die Fräsbahnen festgelegt wurden, liegen diese i. allg. nicht als geschlossene Kurve vor, sondern als Folge von Punkten (Kapitel 3). Bei Programmiersystemen neuerer Bauart, die auf Basis leistungsfähiger Geometriemodellierer arbeiten, z.B. /73, 74/, ist jedoch zumindest in vielen Fällen eine geschlossene Kurvendarstellung erreichbar (<u>Bild 4.1</u>).

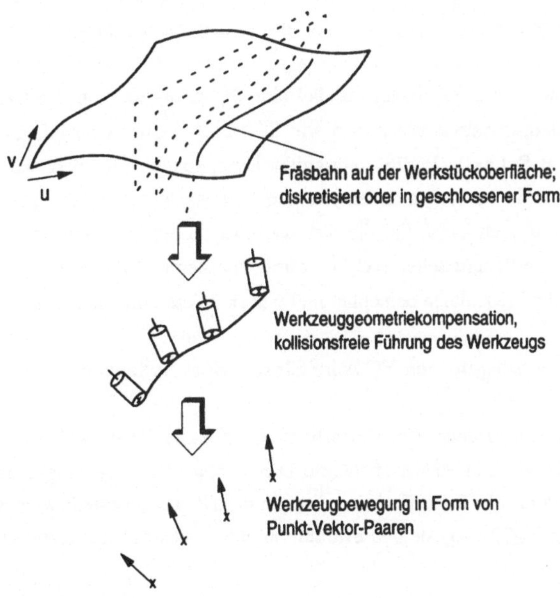

<u>Bild 4.1</u>: Erzeugung der Werkzeugbewegung aus der Fräsbahn

Die sich anschließende Werkzeuggeometriekompensation (Bild 4.1, Mitte) ist jedoch ausschließlich diskret durchführbar. Dies liegt daran, daß die Bewegung des Werkzeugs sich nicht allein mit geometrischen Operationen aus der auf der Werkstückoberfläche vorgegebenen Bahn berechnen läßt. Vielmehr wird die Bahn des Werkzeugmittelpunktes auch von der Werkzeugorientierung beeinflußt. Diese wiederum wird aufgrund technologischer Anforderungen wie Schneidstoff, Werkstoff usw. ermittelt. Zusätzlich ergibt sich aus der Kollisionskontrolle, die ein unbeabsichtigtes Verletzen der Werkstückoberfläche oder von Maschinenteilen verhindert und ebenfalls nur diskret realisierbar ist, ein Einfluß auf die Werkzeugorientierung. Ebenso muß, um Kollisionen zu vermeiden, teilweise das Werkzeug von der Werkstückoberfläche abgehoben werden. Dadurch verbleibendes Restmaterial muß in einem weiteren Arbeitsgang mit einem anderen Werkzeug weggefräst oder manuell entfernt werden.

Aus diesen Gründen wird eine geschlossene Beschreibung einer Fräsbahn durch die Werkzeuggeometriekompensation und die Kollisionskontrolle diskretisiert und dadurch der Datenfluß einer durchgängigen Splineverarbeitung spätestens hier unterbrochen. Eine durchgängige Splineverarbeitung ist daher vom Prinzip her nicht möglich (Bild 4.1).

Folglich kommt es weniger darauf an, daß eine Steuerung die von den CAD-Systemen verwendeten Geometriebeschreibungen wie Bézier, B-Splines oder NURBS (Non Uniform Rational B-Splines) /75, 76/ verarbeiten kann, sondern vielmehr darauf, daß eine Steuerung die von NC-Programmiersystemen bereitgestellten Fräsbahnbeschreibungen lesen und interpolieren kann. Für die Art der Fräsbahnbeschreibung ist dabei entscheidend, über welche Schnittstellen NC-Programmiersysteme CAD-Daten übernehmen, auf welche Weise die Fräsbahnen berechnet und wie sie in die Steuerung übertragen werden.

4.1 Datenversorgung von NC beim Einsatz einer Splineverarbeitung

Wie durch den Einsatz einer Splineverarbeitung auf Basis der Punkt-Vektor-Information die zu übertragende und zu verarbeitende Datenmenge ohne Genauigkeitseinbußen reduziert und gleichzeitig mehr Funktionalität an der NC bereitgestellt werden kann, wird anhand der in Bild 4.2 dargestellten Strukturvarianten nachfolgend diskutiert.

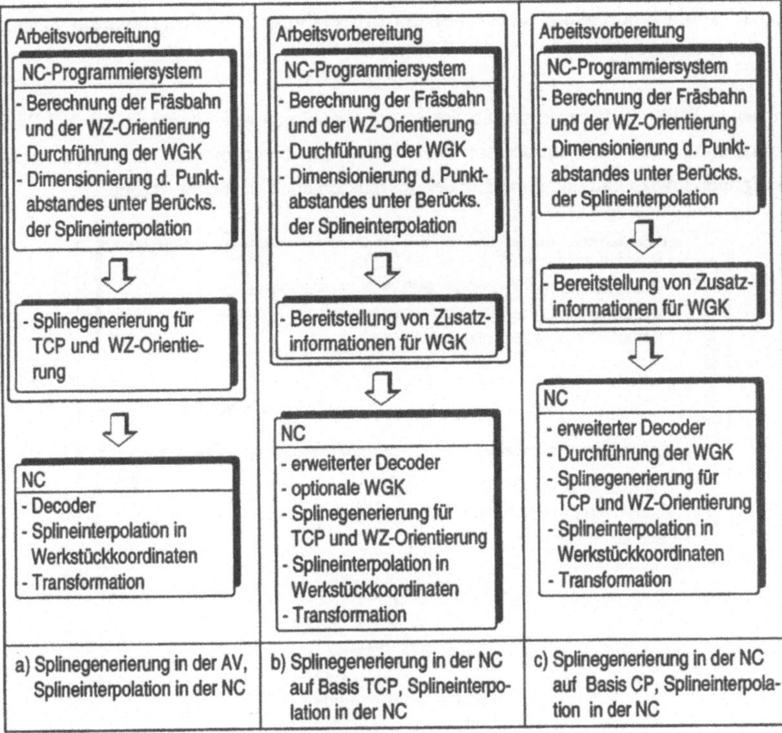

<u>Bild 4.2</u>: Übersicht über die Strukturvarianten für die Nutzung der Splineinterpolation
bei der Freiformflächenbearbeitung

4.1.1 Splines in Werkstückkoordinaten für Werkzeugbezugspunkt und Werkzeugorientierung

Das Problem des kinematischen Fehlers bei der Erzeugung einer Fräsbahn durch fünf maschinenachsbezogene Splines wird dadurch vermieden, daß Generierung und Interpolation der Splines im Werkstückkoordinatensystem, bestehend aus der Position und der Orientierung des Werkzeugs, erfolgen.

4.1.1.1 Splinegenerierung in der Arbeitsvorbereitung, Splineinterpolation in der Steuerung

Bei der in <u>Bild 4.3</u> dargestellten Struktur wird eine Splinegenerierung in der NC-Programmierung bzw. im Postprocessor gemäß Bild 4.2,a vorgenommen. Geeignete Arten von Splines sowie Grad und Parametrisierung müssen noch erarbeitet werden.

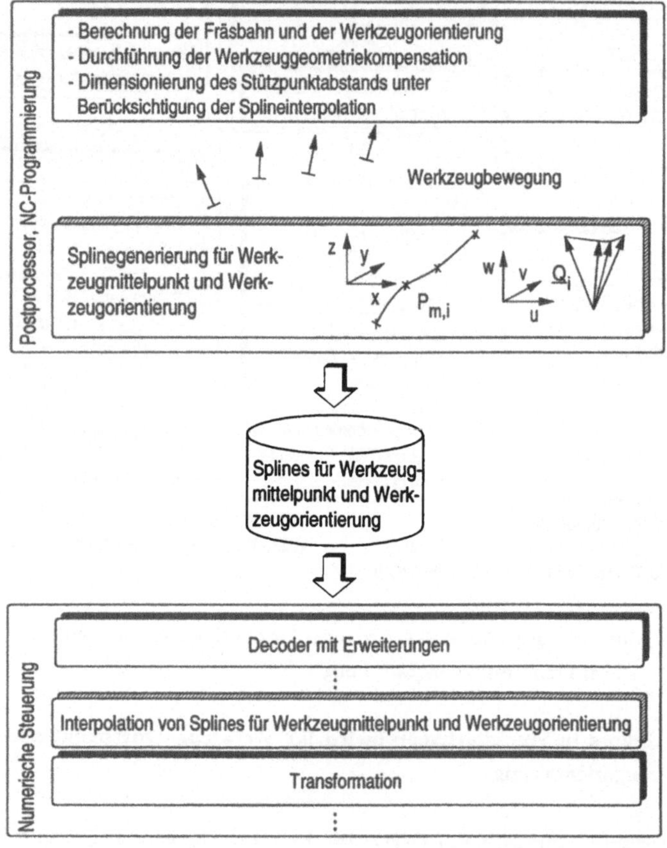

<u>Bild 4.3</u>: Splinegenerierung in der NC-Programmierung, Splineinterpolation in der NC

Durch eine Erweiterung der NC-Programmierschnittstelle können die Splines für den Verlauf des Werkzeugmittelpunktes und der Werkzeugorientierung an die NC übertragen werden. Eine Veränderung des Durchmessers und der Schneidenform des Werkzeugs ist ohne Zusatzinformationen um den Eingriffspunkt des Werkzeugs mit dem Werkstück grundsätzlich nicht möglich und in der Struktur nach Bild 4.2,a bzw. Bild 4.3 nicht vorgesehen. Die von der Arbeitsvorbereitung generierten Splines sind nur für die dort festgelegte Werkzeugschneidenform gültig.

4.1.1.2 Splinegenerierung auf Basis von Werkzeugmittelpunkten sowie Splineinterpolation in der Steuerung

Sofern außer der Länge des Werkzeugs auch noch weitere geometrische Parameter des Werkzeugs wie Durchmesser, Eckenradius oder Schneidenform an der NC beeinflußt werden sollen, muß die Splinegenerierung entsprechend Bild 4.2,b in der NC erfolgen. Für die Beeinflussung der Werkzeuggeometrie müssen geeignete Zusatzinformationen um den Eingriffspunkt des Werkzeugs mit dem Werkstück bereitgestellt werden, damit in der NC die von der Arbeitsvorbereitung gelieferten und für ein ganz bestimmtes Werkzeug gültigen Werkzeugmittelpunkte an die neue Werkzeuggeometrie angepaßt werden können. In <u>Bild 4.4</u> ist diese Vorgehensweise beispielhaft für eine Vergrößerung des Durchmessers eines zylindrischen Schaftfräsers dargestellt.

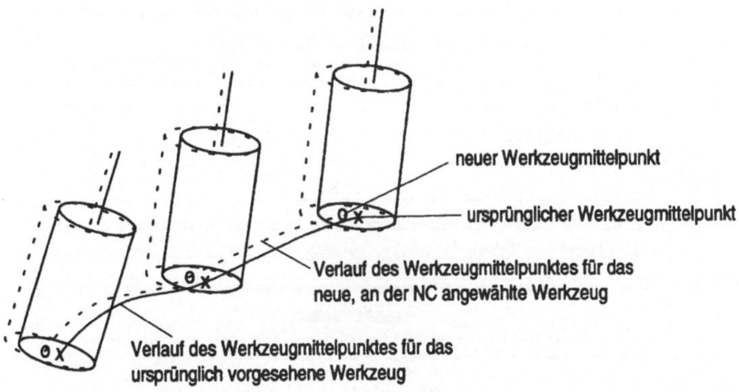

<u>Bild 4.4</u>: Beeinflussung der Werkzeuggeometrie bei einem Spline für den Werkzeugmittelpunkt und die Werkzeugorientierung

Bei Vorliegen der Zusatzinformation kann die Schneidengeometrie berücksichtigt werden, andernfalls nicht. In <u>Bild 4.5</u> ist die zugehörige Struktur der NC mit den gegenüber Standard-NC neuen Funktionalitäten dargestellt.

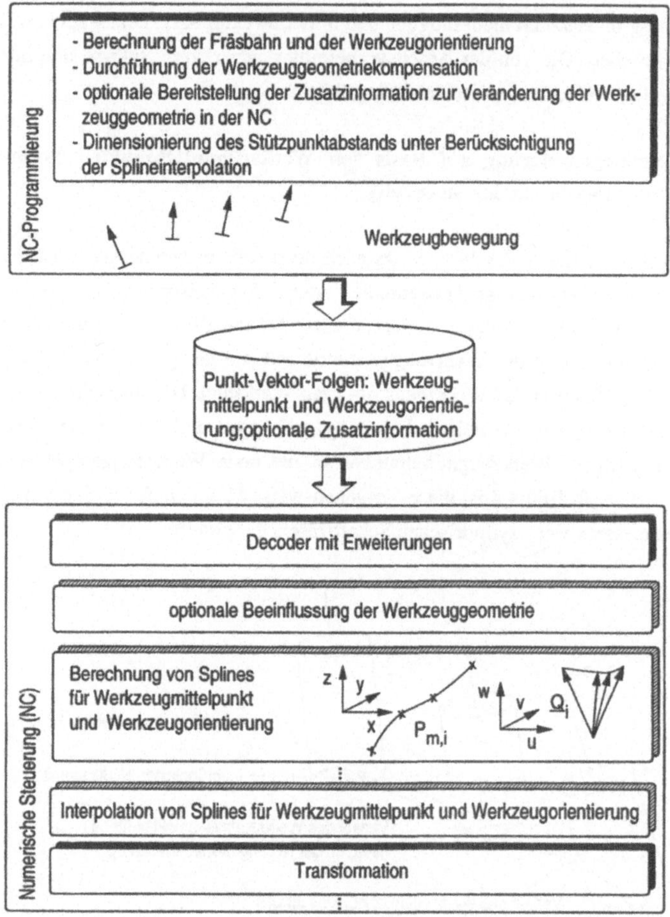

<u>Bild 4.5</u>: Berechnung und Interpolation von Splines in der NC in Verbindung mit der Möglichkeit, die Werkzeuggeometrie zu beeinflussen

4.1.1.3 Splinegenerierung auf Basis der Werkzeugeingriffspunkte sowie Spline-interpolation in der Steuerung

Bei der in <u>Bild 4.6</u> dargestellten Detaillierung der Struktur zur Nutzung der Splineinter-polation bei der Fünfachsenbearbeitung nach Bild 4.2,c wird nach wie vor in der Arbeitsvorbereitung die Werkzeuggeometriekompensation vorgenommen.

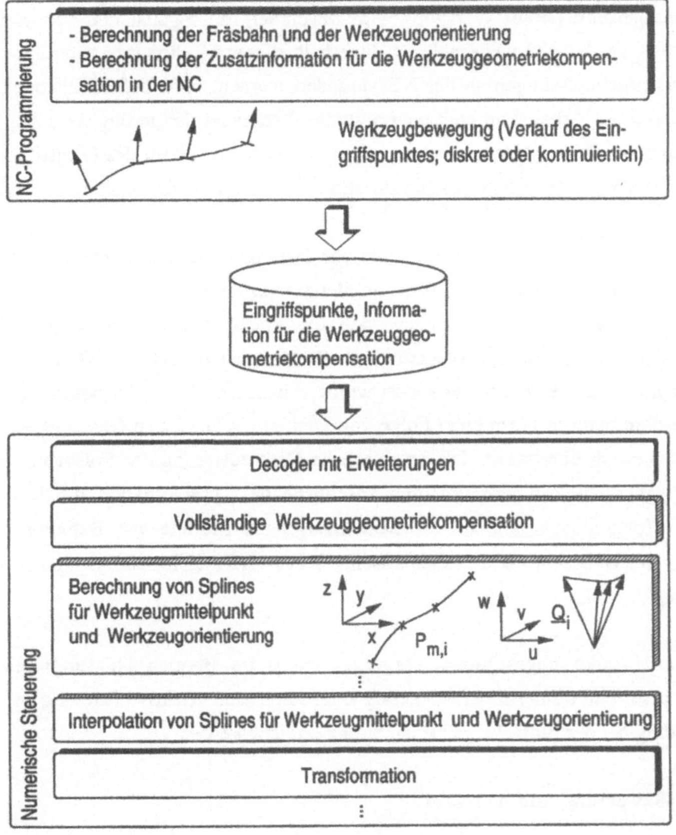

<u>Bild 4.6</u>: Übertragung der Fräsbahn als Eingriffslinie des Werkzeugs mit dem Werk-stück von der NC-Programmierung zur Steuerung

Die Werkzeuggeometriekompensation ist zur Ermittlung der Schnittaufteilung, für die Berechnung der Werkzeugorientierung und für die Kollisionskontrolle erforderlich. Der entscheidende Unterschied zu der unter 4.1.1.2 erörterten Vorgehensweise besteht darin, daß die Fräsbahn bezüglich des Verlaufs des Eingriffspunktes des Werkzeugs mit dem Werkstück und nicht bezogen auf den Werkzeugmittelpunkt an die NC übertragen wird.

Die Kollisionskontrolle wird in der Arbeitsvorbereitung mit einem bestimmten Werkzeug durchgeführt. Dieses Werkzeug wird zusammen mit sogenannten **Modifikationsfreiräumen** an die NC weitergeleitet. Innerhalb dieser Modifikationsfreiräume dürfen die Werkzeugabmessungen an der NC verändert werden, ohne daß Kollisionen entstehen. Die von der Arbeitsvorbereitung ermittelte Werkzeugorientierung wird den jeweiligen Eingriffspunkten zugeordnet und zusammen mit dem Verlauf des Eingriffspunktes - bei geschlossener Darstellung der Eingriffslinie - an die Steuerung weitergeleitet.

Der Vorteil dieser Strukturvariante besteht vor allem darin, daß die Eingriffslinie im Format der internen Darstellung des Programmiersystems an die Steuerung übertragen werden kann. Unter der Voraussetzung, daß die Fräsbahn im Programmiersystem in geschlossener Form auf der Werkstückoberfläche erzeugt und die NC-Programmierschnittstelle um dieses Format erweitert wurde, wird dadurch die Fräsbahn ohne die mit einer Beschreibung in Form einer Folge von Punkten verbundenen Genauigkeitsverluste an die Steuerung übertragen. Die erforderliche Diskretisierung der Fräsbahn durch die Werkzeuggeometriekompensation und anschließende Approximation durch geeignete Splines erfolgt abgestimmt auf die bahnerzeugenden Module wie Bahnvorbereitung, SLOPE, Interpolation und kinematische Rückwärtstransformation innerhalb der Steuerung.

Durch aufeinander abgestimmte Vorgehensweisen im Bereich NC-Programmierung, Postprocessor und numerischer Steuerung kann somit eine effektive Nutzung der Splineverarbeitung bei der fünfachsigen Bearbeitung erreicht werden.

4.1.2 Bewertung und Auswahl

In Tabelle 4.1 sind die in den vorangegangenen Abschnitten erörterten Formate zur Übertragung der Fräsbahn an die NC und ihre für die Freiformflächenbearbeitung relevanten Eigenschaften zusammengestellt. Zum Vergleich ist das bisherige Format nach DIN 66025 ebenfalls aufgeführt. Neben den Möglichkeiten zur Beeinflussung der Werkzeuggeometrie ist, wie bereits erläutert wurde, aus Genauigkeitsgründen eine möglichst durchgängige Splineverarbeitung anzustreben.

Aus Tabelle 4.1 geht hervor, daß die Übertragung der Fräsbahn in Form des Verlaufs des Eingriffspunktes des Werkzeugs mit dem Werkstück zusammen mit der Werkzeugorientierung aus technischer Sicht die am besten geeignete Form der Übertragung von Werkzeugbewegungen ist. Jedoch ist zu beachten, daß bisher kein Programmiersystem Fräsbahnen in einem auf den eingelesenen CAD-Flächen bezogenen Format erzeugen kann. Oft wird dies schon durch die mangelnde Leistungsfähigkeit der Schnittstelle zwischen CAD- und NC-Programmiersystem oder durch eine systembedingte Triangulation der CAD-Fläche innerhalb des NC-Programmiersystems verhindert.

Format der Fräsbahn an der Schnittstelle zur NC	Beeinflussung der Werkzeuglänge	Beeinflussung der gesamten Werkzeuggeometrie mittels Zusatzinformationen	durchgängige Splineverarbeitung	Bereitstellung durch NC-Programmiersysteme	erforderliche Rechenleistung	zu übertragende Datenmenge
Linearsätze nach DIN 66025	*) ◑	○	○	●	◑	○
Splinegenerierung in der NC-Programmierung, Splineinterpolation in der NC	●	○	○	◑	◑	●
Splinegenerierung in der NC auf Basis des TCP, Splineinterpolation in NC	●	●	○	◑	○	●
Splinegenerierung in der NC auf Basis des CP, Splineinterpolation in NC	●	●	◑...● **)	○	○	●

*) mit zusätzlichen Algorithmen
**) falls in geschlossener Form der CAD-Fläche dargestellt

TCP: Werkzeugmittelpunkt
CP: Eingriffspunkt

Bewertung:
○ nicht erfüllt
◑ teilweise erfüllt
● erfüllt

Bewertung:
○ hoch
◑ mittel
● niedrig

<u>Tabelle 4.1</u>: Eigenschaften verschiedener Strukturen zur Splineinterpolation im Werkstückkoordinatensystem verglichen mit Linearsätzen nach DIN 66025

Deshalb wird im weiteren die Struktur näher betrachtet, bei der die Werkzeugbewegung in Form einer diskreten Folge von Punkt-Vektor-Paaren an die Steuerung übertragen wird. Diese Folge definiert die Position des Werkzeugs, z.B. den Werkzeugmittelpunkt oder den Werkzeugspitzenpunkt, und die zugehörige Werkzeugorientierung. Um die zu

übertragende Datenmenge zu reduzieren, können beispielsweise mit einem Toleranzschlauchverfahren die für die Splinegenerierung in der Steuerung relevanten Punkte
ermittelt und die anderen weggelassen werden /77/. Wie noch gezeigt wird, ist zur Kon-
trolle der Genauigkeit der Fräsbahn über eine Iteration sicherzustellen, daß die Splinekurve nicht mehr als erlaubt von den vorgegebenen Werkzeugpositionen abweicht und
keine unerwarteten Krümmungen aufweist.

Diese Struktur erfordert abgesehen von dem Verfahren zur Reduzierung der Datenmenge
einerseits nur geringfügige Änderungen bei der Erzeugung der NC-Steuerinformation in
der NC-Programmierung und eröffnet andererseits in der NC wesentliche von den Anwendern geforderte Funktionen, um die Wirtschaftlichkeit der fünfachsigen Freiformflächenbearbeitung zu verbessern.

4.2 Kompensation der Werkzeuggeometrie

Wie in den vorangehenden Abschnitten hergeleitet, muß die Berechnung der Werkzeuggeometriekompensation vor der Splinegenerierung auf Basis der diskreten Punkt-Vektor-
Beschreibung der Werkzeugbewegung erfolgen. Auch bei der flächenorientierten Programmierung wird die Werkzeuggeometriekompensation diskret durchgeführt /26/. Die
sich daraus ergebenden Werte für den Werkzeugmittelpunkt werden als Randbedingungen für eine Splinegenerierung verwendet.

Aufgrund der Gefahr, durch die Veränderung der Werkzeugabmessungen Kollisionen zu
verursachen oder vorgegebene Fertigungsrandbedingungen wie Oberflächenrauhigkeit zu
verletzen, sind bei der NC-Programmierung die in /27/ genannten Maßnahmen bei der
Wahl der Werkzeugausmaße für die Kollisionsberechnungen zu beachten.

Durch die werkstückbezogene Beschreibung ist eine Veränderung der Werkzeuglänge an
der Steuerung grundsätzlich möglich und wird im Rahmen der Rückwärtstransformation
in das Maschinenkoordinatensystem in der NC berücksichtigt.

Die Möglichkeit der Veränderung der Werkzeuggeometrie ist eine wichtige Forderung
der Anwender. Wie bereits gezeigt wurde, ist auf Basis von DIN 66025 keine Veränderung der Schneidengeometrie des Werkzeugs möglich. Welche zusätzlichen Informationen erforderlich sind, um, ausgehend von der werkstückbezogenen, fünfachsigen Fräsbahn (Werkzeugposition und Werkzeugorientierung), die Schneidengeometrie zu verändern, wird im folgenden am Beispiel von zylindrischem Gesenkfräser und Schaftfräser

sowohl mit als auch ohne Eckenradius untersucht. Dabei werden bekannte Algorithmen aufgegriffen, modifiziert und erweitert /26, 27/.

4.2.1   Auf die Werkzeugposition bezogene Werkzeugbewegung

In diesem Abschnitt wird davon ausgegangen, daß die Werkzeugbewegung in Form einer Folge von Positionen für den Werkzeugspitzenpunkt P_S, also den Durchstoßpunkt der Werkzeugachse mit der Werkzeugschneide, und der zugehörigen Werkzeugorientierung $\underline{Q}$ gegeben ist. Die Werkzeugorientierung $\underline{Q}$ zeigt von der Werkzeugspitze zum Werkzeughalter. Dies kann z.B. in der Form CLDATA (Satztyp 5000) vorliegen, wo Werkzeugposition und Werkzeugachsrichtung $\underline{Q}$ für diskrete, bis zu 40 aufeinanderfolgende Positionen mit den jeweils sechs Koordinaten X, Y, Z, I, J und K innerhalb eines Satzes beschrieben werden können.

Es muß zunächst der Eingriffspunkt des ursprünglich vorgesehenen Werkzeugs mit dem Werkstück und dann der neue Werkzeugspitzenpunkt berechnet werden.

4.2.1.1 Veränderung des Durchmessers bei Kugelfräsern und zylindrischen Gesenkfräsern

Für die Veränderung des Durchmessers eines Kugelfräsers bzw. eines zylindrischen Gesenkfräsers um Δd_{WZ} ist, wie in <u>Bild 4.7</u> dargestellt, die Kenntnis des Normalenvektors der bearbeiteten Fläche im Eingriffspunkt des Werkzeugs mit dem Werkstück erforderlich. Bei größerem Werkzeugdurchmesser muß die Position der Werkzeugspitze um ½•Δd_{WZ} in Richtung des Normalenvektors $\underline{F}_N$ verschoben werden, bei Verkleinerung entgegen dieser Richtung um denselben Betrag.

Es gilt

$$\underline{P_S P_E} = \frac{1}{2} d_{WZ} \cdot (\underline{\overset{\circ}{Q}} - \underline{\overset{\circ}{F}_N}). \tag{4.1}$$

Somit folgt für die Berechnung des für das Werkzeug mit dem neuen Durchmesser d_{WZ2} gültigen Werkzeugspitzenpunktes P_{S2}

$$\underline{P_{S1} P_{S2}} = \underline{P_{S1} P_E} + \underline{P_E P_{S2}} = \frac{1}{2} \cdot (\underline{\overset{\circ}{Q}} - \underline{\overset{\circ}{F}_N})(d_{WZ1} - d_{WZ2}) \tag{4.2}$$

Daraus folgt, daß für eine Beeinflussung des Durchmessers bei Verwendung dieser Werkzeuge von der NC-Programmierung der zu dem jeweiligen Paar von Werkzeugposition und -orientierung gehörige Flächennormalenvektor bereitgestellt werden muß.

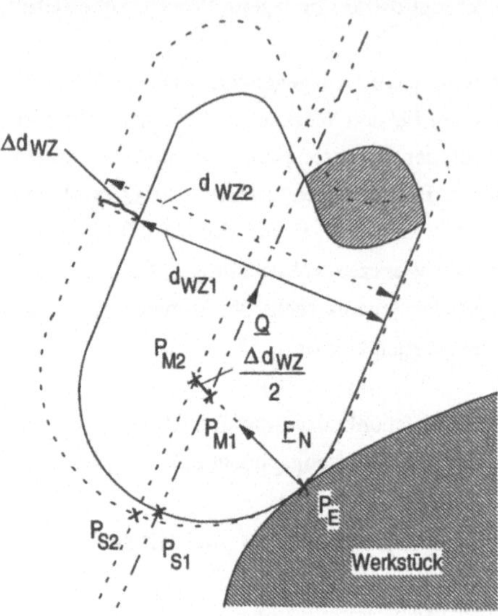

<u>Bild 4.7</u>:   Veränderung des Durchmessers bei Kugel- bzw. zylindrischem Gesenkfräser

4.2.1.2 Veränderung von Durchmesser und Eckenradius bei Schaftfräsern

Aus <u>Bild 4.8</u> kann man folgende Beziehung für den Vektor von dem Werkzeugspitzenpunkt P_S zu dem Werkzeugeingriffspunkt P_S ablesen:

$$\underline{P_S P_E} = \underline{Q}° \cdot r - \underline{F_N}° \cdot \left[r + (\frac{d}{2} - r)\sin\beta \right] + \underline{T_B}° \cdot (\frac{d}{2} - r)\cos\beta \tag{4.3}$$

Dabei ist β der Winkel zwischen dem Normalenvektor $\underline{F}_N$ der Fläche im Eingriffspunkt P_E und dem Anteil der Werkzeugorientierung Q in der Ebene, die durch $\underline{F}_N$ und den Bahntangentenvektor $\underline{T}_B$ aufgespannt wird.

Somit folgt für die Berechnung des für das Werkzeug mit dem neuen Durchmesser d_{WZ2} und dem neuen Eckenradius r_{WZ2} gültigen Werkzeugspitzenpunktes P_{S2}

$$\underline{P_{S1}P_{S2}} = \underline{P_{S1}P_E} + \underline{P_E P_{S2}}$$

$$= \underline{Q}^{\circ}(r_{WZ1} - r_{WZ2}) - \underline{F_N}^{\circ} \cdot \left[r_{WZ1} - r_{WZ2} + \left(\frac{d_{WZ1} - d_{WZ2}}{2} - r_{WZ1} + r_{WZ2} \right) \sin\beta \right] \tag{4.4}$$

$$+ \underline{T_B}^{\circ} \cdot \left[\left(\frac{d_{WZ1} - d_{WZ2}}{2} - r_{WZ1} + r_{WZ2} \right) \cos\beta \right]$$

Soll bei Verwendung dieser Werkzeuge eine Beeinflussung des Durchmessers möglich sein, so muß von der NC-Programmierung der zu dem jeweiligen Paar von Werkzeugposition und -orientierung gehörige Normalenvektor und der Bahntangentenvektor mitgeliefert werden.

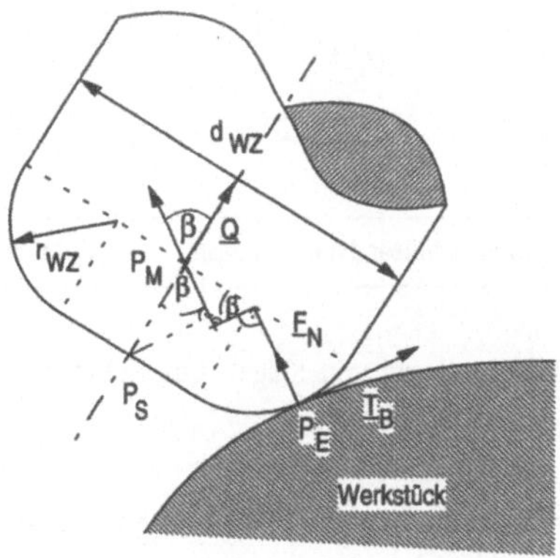

<u>Bild 4.8</u>: Werkzeuggeometriekompensation bei Schaftfräser mit Eckenradius

4.2.1.3 Auf den Werkzeugmittelpunkt bezogene Werkzeugbewegung

Der Bezug der Bewegungsinformation auf den Werkzeugmittelpunkt P_M anstatt auf den Werkzeugspitzenpunkt P_S (<u>Bild 4.9</u>) hat den Vorteil, daß mit dem Algorithmus für den Schaftfräser mit Eckenradius sowohl Kugelfräser als auch Schaftfräser mit und ohne Eckenradius behandelt werden können. Für Kugelfräser gilt dann

$$r = \frac{d}{2} \tag{4.5}$$

und für Schaftfräser ohne Eckenradius

r=0. $\qquad$ (4.6)

Wie man leicht nachvollziehen kann, wird mit (4.5) aus (4.4) die Gleichung (4.2). Für Schaftfräser ohne Eckenradius gilt (4.4) mit (4.6). Je nach Einflußmöglichkeit auf die NC-Programmierung kann diese Variante realisiert werden.

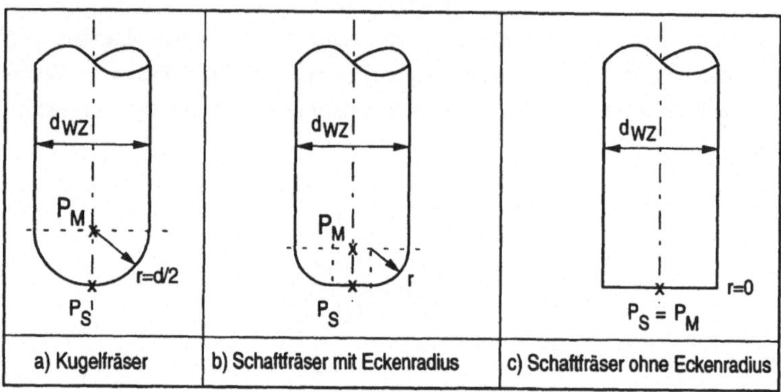

<u>Bild 4.9</u>: Einheitliche Beschreibung von Kugel- und Schaftfräser mit und ohne Eckenradius

4.2.2 Auf den Eingriffspunkt bezogene Werkzeugbewegung

Im Gegensatz zu der unter 4.2.1 erörterten Vorgehensweise muß bei der auf den Eingriffspunkt bezogenen Werkzeugbewegung in jedem Fall die Kompensation der Werkzeuggeometrie durchgeführt werden. Die Zusatzinformationen werden benötigt, um aus dem Eingriffspunkt des Werkzeugs mit dem Werkstück die Werkzeugposition - beispielsweise den Werkzeugmittelpunkt P_M - zu berechnen.

Aus Bild 4.6 und Gleichung (4.1) ergibt sich nach wenigen Umformungen der Vektor von P_E nach P_M für Kugelfräser

$$\underline{P_E P_M} = \frac{1}{2} d_{wz} \cdot \underline{F_N^\circ},$$ $\qquad$ (4.7)

sowie für Schaftfräser aus Bild 4.7 und Gleichung (4.3)

$$\underline{P_E P_M} = \underline{F_N^\circ} \cdot \left[r + (\frac{d}{2} - r)\sin\beta \right] - \underline{T_B^\circ} \cdot (\frac{d}{2} - r)\cos\beta. \tag{4.8}$$

Mit (4.7) und (4.8) kann bei dieser Strukturvariante aus dem Normalenvektor, dem Bahntangentenvektor im Eingriffspunkt und dem Eingriffspunkt selbst die Werkzeuggeometriekompensation durchgeführt werden.

Beim Einsatz von Werkzeugen mit anderer Schneidengeometrie können entsprechende Gleichungen mit elementargeometrischen Methoden abgeleitet werden.

Mit der Bereitstellung der genannten Zusatzinformationen durch die NC-Programmierung können alle geometrischen Parameter des Werkzeugs an der NC verändert werden. Dadurch wird eine wesentliche Forderung der Anwender erfüllt. Aus den Zusatzinformationen muß, ausgehend von der Werkzeugposition eines bekannten Werkzeugs oder vom Eingriffspunkt des Werkzeugs mit dem Werkstück, zusammen mit den Werkzeugdaten die für die neuen Werkzeugabmessungen gültige Werkzeugposition berechnet werden.

4.3 Splines in der numerischen Steuerung auf Basis von Punkt-Vektor-Folgen

Die Fräsbahn, die als Bahn der Werkzeugposition zusammen mit der Werkzeugorientierung in Form von Punkt-Vektor-Paaren im Werkstückkoordinatensystem vorliegt, muß im Rahmen der Geometriedatenverarbeitung der numerischen Steuerung in Bewegungen der Achsen umgewandelt werden. Die Arbeitsvorbereitung gibt Stützpunkte mit Orientierungen vor, die, durch einen genau beschriebenen Spline miteinander verbunden, die vorgeschriebene Fräsbahn ergeben. Nur durch dieses Verfahren kann die Datenmenge, verglichen mit der linearen Interpolation zwischen den Stützpunkten, signifikant verringert werden. Diese Bahn gilt es, durch die Steuerung möglichst genau abzufahren.

Im folgenden müssen hierfür geeignete Strukturen diskutiert und anhand ihrer Eigenschaften miteinander verglichen und bewertet werden. Vom Prinzip her kommen dafür zwei grundsätzlich verschiedene Methoden in Betracht. Zum einen kann die Bewegungsinformation zunächst in das Maschinenkoordinatensystem transformiert werden und dort für jede Maschinenachse ein Spline berechnet werden, wie auf <u>Bild 4.10</u>,a dargestellt. Zum anderen kann die Berechnung der Splines in dem Punkt-Vektor-Koordinatensystem erfolgen, mit einer anschließenden Interpolation im selben Koordinatensystem (Bild 4.10,b). Diese beiden grundsätzlich verschiedenen Methoden müssen im folgenden genauer erörtert werden.

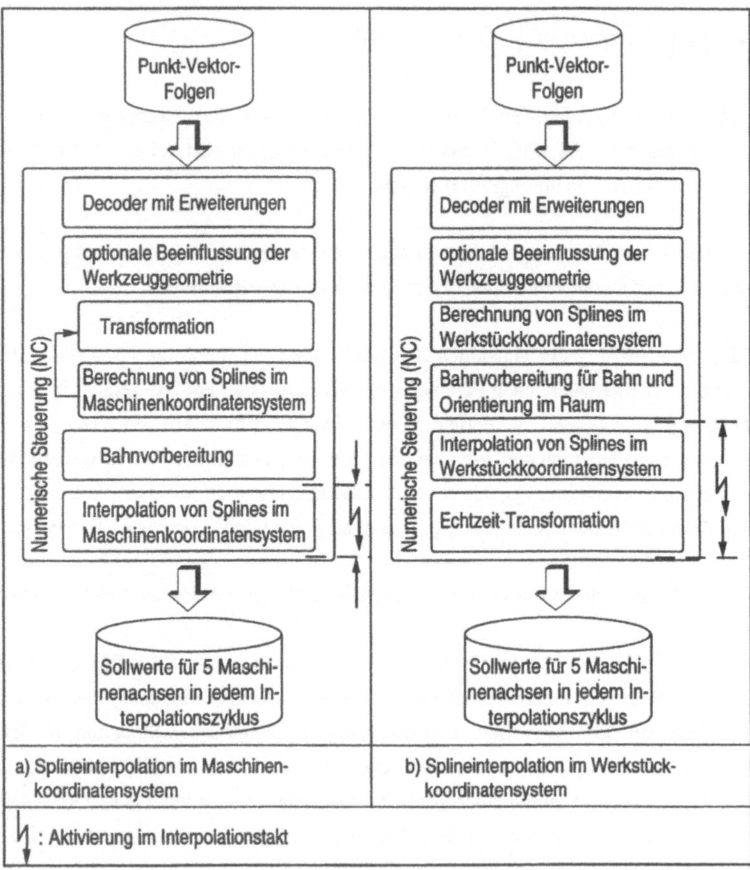

Bild 4.10: Strukturvarianten zur Berechnung und Interpolation von Splines in NC

4.3.1 Splineinterpolation im Maschinenkoordinatensystem

Bei der in Bild 4.10,a dargestellten Struktur werden die von der Arbeitsvorbereitung vorgegebenen Paare von Werkzeugpositionen mit zugehörigen Orientierungen nach der optionalen Veränderung der Werkzeuggeometrie zunächst in die entsprechenden Achspositionen transformiert. Mit geeigneten Algorithmen wird daraus für jede Achse ein Spline berechnet. Zur Reduzierung des kinematischen Fehlers werden bei großen Richtungsänderungen Zwischenpunkte eingefügt. Allerdings müssen diese Zwischenpunkte iterativ über ein Interpolationsverfahren auf der Bahn gewonnen werden, welches sicherstellt, daß diese Zwischenpunkte auf der von der NC-Programmierung vorgegebenen Bahn liegen. Da die vorgegebenen Punkt-Vektor-Paare als Stützpunkte eines von der NC zu berechnenden Splines zu interpretieren sind, ist bereits an dieser Stelle ein vereinfachtes Splineinterpolationsverfahren auf der Bahn erforderlich.

Aus der Überlagerung der Bewegungen der drei translatorischen und der zwei rotatorischen Maschinenachsen resultiert grundsätzlich eine Bahn im Raum, deren Verlauf i. allg. von der Maschinenkinematik und von der absoluten Lage der Endpunkte im Arbeitsraum abhängt /15/. Deshalb ergibt sich durch die Überlagerung der fünf Splines ebenfalls eine Bahn, deren Verlauf zwischen Stützpunkten sowohl von der speziellen Anordnung der Maschinenachsen als auch von der aktuellen Position im Arbeitsraum der Maschine abhängt. Deshalb ist es nahezu unmöglich, die von der NC-Programmierung vorgesehene Bahn einzuhalten, da diese strukturbedingt zwischen den Stützpunkten in der NC nicht genau bekannt ist. Die Bahnabweichungen durch diesen sogenannten kinematischen Fehler sind in <u>Bild 4.11</u> am Beispiel eines Linearsatzes dargestellt.

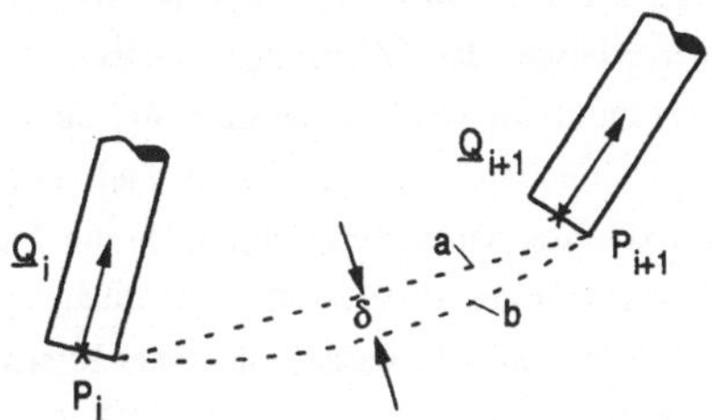

a: programmierte Bahn, identisch mit tatsächlicher Bahn bei Interpolation
im Punkt-Vektor-System und anschließender Transformation (Interpolations-
schrittweite ist wesentlich kleiner als der Stützpunktabstand)
b: tatsächliche Bahn bei Transformation und anschließender Interpolation in
Maschinenkoordinaten; Bahnverlauf ist abhängig von der Maschinenkinematik
δ: kinematischer Fehler

<u>Bild 4.11</u>: Kinematischer Fehler bei Interpolation in Maschinenkoordinate

Eine hinreichend genaue Bahn kann folglich nur durch einen kurzen Abstand der Stützpunkte erreicht werden. Mit steigenden Genauigkeitsanforderungen müssen deshalb mehr und gleichzeitig kürzere Splines berechnet werden, wofür mehr Rechenleistung erforderlich ist. Eine sinnvolle Abstimmung des Interpolationsverfahrens mit der Arbeitsvorbereitung kann aufgrund der Abhängigkeit von der Maschinenkinematik und der Aufspannlage nicht stattfinden.

Der Algorithmus der Bahnvorbereitung kann im wesentlichen wie bei konventionellen Steuerungen aufgebaut sein, da gemeinhin bekannte achsbezogene Interpolationen durchzuführen sind /78/. Der Bahnvorschub ist unter Berücksichtigung der dynamischen Eigenschaften der drei linearen sowie der beiden rotatorischen Achsen möglichst auf dem programmierten Wert konstant zu halten. Abgesehen von dem generellen Problem der Realisierung einer konstanten Bahngeschwindigkeit bei Splines, das noch diskutiert wird, stellt eine Interpolation von Splines für Maschinenachsen unter Echtzeitbedingungen bei bekanntem Grad des Splines keine besonderen Anforderungen hinsichtlich Algorithmen und erforderlicher Rechenleistung. Deshalb wird hier nicht näher darauf eingegangen.

4.3.2 Splineinterpolation im Werkstückkoordinatensystem

Bei der in Bild 4.10,b dargestellten Struktur erfolgt die Splinegenerierung unmittelbar nach der optionalen Veränderung der Werkzeuggeometrie. Durch eine Vorgabe der Eigenschaften des Splines durch die NC-Programmierung, mit dem die Stützpunkte für Werkzeugmittelpunkt und Orientierung zu verbinden sind, kann die Steuerung damit exakt den Vorgaben der NC-Programmierung folgen. Da die Transformation innerhalb der NC erst nach einer Interpolation im Werkstückkoordinatensystem stattfindet, kann der Stützpunktabstand, wie in Bild 4.11 dargestellt, ohne Rücksicht auf den kinematischen Fehler bemessen werden.

Nachteilig bei dieser Struktur ist, daß die Bahnvorbereitung sich aufwendiger als beim zuvor genannten Verfahren gestaltet, da die Bewegungen der Maschinenachsen nicht unmittelbar aus denen im Raum abgeleitet werden können und Beschleunigungs- und Verzögerungsrampen im Raum bereitgestellt werden müssen. Geeignete Vorgehensweisen müssen noch diskutiert werden.

Wegen der direkten Interpolation der von der Arbeitsvorbereitung vorgegebenen Bahn ermöglicht dieses Verfahren eine sehr hohe Bahngenauigkeit /57/. Die Rückwärtstransformation vom Werkstückkoordinatensystem in das Koordinatensystem der Maschinenachsen ist in jedem Interpolationsschritt unter Echtzeitbedingungen durchzuführen.

4.3.3 Bewertung und Auswahl

In der <u>Tabelle 4.2</u> sind die für die fünfachsige Bearbeitung interessierenden Eigenschaften der diskutierten Interpolationsstrukturen dargestellt. Zum Vergleich sind diejenigen der Linearinterpolation nach DIN 66025 ebenfalls aufgeführt. Neben der für hohe Genauigkeitsanforderungen erforderlichen NC-Datenmenge sind die benötigte Rechenleistung und die Komplexität der zu entwickelnden Algorithmen zu berücksichtigen.

Eigenschaften Interpolations- struktur	NC-Datenmenge bei hohen Genauigkeits-anforderungen	ingesamt erforderliche Rechenleistung	erforderliche Rechenleistung pro Interpolationszyklus	Komplexität der Algorithmen
Interpolation von Linearsätzen nach DIN 66025	●	◑...● *)	○	○
Interpolation im Maschinenkoordinatensystem	◑	◑...● *)	◑	●
Interpolation im Werkstückkoordinatensystem	○	◑	●	●

Bewertung: ○ niedrig ◑ mittel ● hoch

*) abhängig von den Genauigkeitsanforderungen

<u>Tabelle 4.2</u>: Vergleich der Strukturen zur Splineinterpolation in Maschinenkoordinaten und in Werkstückkoordinaten

Aus der Tabelle 4.2 ist abzulesen, daß nur bei einer direkten Interpolation im Werkstückkoordinatensystem hohe Genauigkeitsanforderungen bei kalkulierbarem Rechenaufwand und überschaubarer NC-Datenmenge erreichbar sind. Entsprechende Algorithmen, die mit der zur Verfügung stehenden Rechenleistung bei NC auskommen, müssen noch diskutiert werden. Im weiteren Verlauf der Arbeit wird daher diese Lösung näher betrachtet.

5 Berechnung und Interpolation von Splines in der numerischen Steuerung

Mit Splines können diskrete Folgen von Werkzeugpositionen und Werkzeugorientierungen kontinuierlich miteinander verbunden werden. Durch die Wahl eines geeigneten Splines kann ein krümmungsstetiger Verlauf der Werkzeugbewegungen erzielt werden. Prinzipiell eignen sich approximierende, interpolierende, globale und stückweise berechnete Splines verschiedenen Grades. Sie unterscheiden sich in Genauigkeit, Stetigkeit der Ableitungen an den Stützstellen und der Neigung zu Überschwingern /63, 65/. Werden dem Problem angepaßte Splines verwendet, d. h. werden bei der Wahl der Art des Splines die Eigenschaften der zu interpolierenden Punktemenge berücksichtigt, kann eine hohe Genauigkeit und Qualität der Oberfläche erreicht werden. Bei aus einzelnen Splines zusammengesetzten Kurven, sogenannten **Splinekurven**, hat die Gestaltung der Anschlußbedingungen an den Nahtstellen großen Einfluß auf die Eigenschaften des Splines.

Im folgenden muß folglich zunächst untersucht werden, welche Art von Spline für die fünfachsige Bearbeitung in NC geeignet ist. Anschließend muß ein Verfahren erarbeitet werden, das die Berechnung und Interpolation dieses Splines unter Echtzeitbedingungen erlaubt.

5.1 Auswahl eines Splines für den Einsatz bei der fünfachsigen Bearbeitung

Grundsätzlich sind Splinefunktionen in Parameterdarstellung besser geeignet als solche in expliziter Darstellung, da sie keine Koordinate bevorzugen und mit ihnen die erforderliche Flexibilität zum Beschreiben von Kurven erreicht wird. Im weiteren werden daher nur noch solche Darstellungen betrachtet.

Für den Einsatz einer bestimmten Art von Spline bei der fünfachsigen Bearbeitung sind folgende Eigenschaften zu untersuchen:

- Aus Genauigkeitsgründen ist eine **direkte Interpolation**, d.h. die unmittelbare Berechnung der Funktionswerte aus den Splinegleichungen gegenüber einer Grobinterpolation durch z.B. Linearsätze, zu bevorzugen. Eng damit verbunden ist der **Berechnungsaufwand**, der mit der in NC zur Verfügung stehenden Rechenzeit möglich sein muß.

- Für eine einheitliche Struktur des Interpolators ist es günstig, wenn **alle Bahnarten** (linear, zirkular und splineförmig) durch <u>eine</u> Art von Spline **dargestellt werden können**.

- Bei der Verarbeitung von Fräsbahnen für die Freiformflächenbearbeitung in numerischen Steuerungen ist, wie in Kapitel 4 gezeigt wurde, aufgrund der Art der Berechnung der Fräsbahn durch die NC-Programmierung die Fähigkeit der **Interpolation von Punktfolgen** gefordert, im Gegensatz zum Bereich CAD, wo häufig Punktfolgen zu approximieren sind.

- Um unvorhergesehene Krümmungen zwischen zwei Stützpunkten zu vermeiden, sollten Splines möglichst minimal gekrümmt sein (**Minimalkrümmungseigenschaft**).

- Eine **geometrische Bedeutung der Splinekoeffizienten** ist bislang bei der fünfachsigen Freiformflächenbearbeitung in der NC nicht von Interesse. In Verbindung mit einer werkstattorientierten Programmierung würde diese Eigenschaft jedoch an Wert gewinnen. Manipulationen an der Kurve können somit leicht realisiert werden.

In der <u>Tabelle 5.1</u> sind die Eigenschaften von generell in Frage kommenden Arten von Splines und Splinekurven anhand der genannten Kriterien bewertet.

Polynomiale Splines und Splinekurven mit Grad größer als drei sind wegen ihrer Neigung zum Überschwingen für die Interpolation in NC wenig geeignet und werden daher im folgenden nicht mehr betrachtet.

Während der Funktionswert einer Koordinate bei kubischen Splinekurven mit 6 Rechenoperationen (Additionen bzw. Multiplikationen) berechnet werden kann, sind bei Bézier-Splinekurven gleichen Grades bei Einsatz des Casteljau-Schemas bereits 19, und bei NURBS, je nach Rechenverfahren und Anzahl der benötigten Punkte pro Knotenintervall, etwa 40 Rechenoperationen erforderlich /65, 76/. Eine direkte Interpolation sowie eine entsprechende Bahnvorbereitung von Bézier-Splinekurven, B-Splines und NURBS unter Echtzeitbedingungen ist deshalb bei den geforderten Interpolationszykluszeiten von wenigen Millisekunden derzeit schwierig zu realisieren.

Weiterhin stehen Fräsbahnen bei derzeit am Markt verfügbaren NC-Programmiersystemen nicht als Bézier-Splinekurven, B-Splinekurven oder NURBS zur Verfügung (siehe

Kapitel 4). Vielmehr müßten diese Formate mit hohem Rechenaufwand aus den jeweils vorliegenden internen Darstellungen erzeugt werden. Kubische Splinekurven hingegen lassen sich, wie noch gezeigt wird, mit vergleichsweise geringem Aufwand beispielsweise aus Folgen von diskreten Werkzeugpositionen berechnen.

Eignung hinsichtlich / Splinetyp	direkter Interpolation in Steuerungen	Berechnungsaufwand	Darstellung aller Bahnarten	Interpolation von Punktfolgen	Minimalkrümmungs-eigenschaft	geometrischer Bedeutung der Koeffizienten	Bereitstellung durch Programmiersysteme
polynomiale Splines	◐	◐	*) ◐	◐	○	○	●
polynomiale kubische Spline-kurven	●	●	*) ◐	●	●	○	◐
Splinekurven mit Grad > 3	◐	◐	*) ◐	◐	○	○	◐
Bézier-Splinekurven	○	◐	*) ◐	◐	◐	●	◐ **) ○
B-Splinekurven	○	◐	*) ◐	◐	◐	●	◐ **) ○
NURBS	○	○	●	◐	◐	●	◐ **) ○

*) geeignete Erweiterung auf rationale Darstellung erforderlich
**) abhängig von der internen Arbeitsweise

Bewertung:

○ nicht geeignet   ◐ bedingt geeignet   ● geeignet

<u>Tabelle 5.1</u>: Eigenschaften verschiedener Splines zum Einsatz bei der fünfachsigen Bearbeitung in NC

Gut geeignet für den Einsatz in numerischen Steuerungen sind polynomiale, kubische Splinekurven, im folgenden kurz **kubische Splinekurven** genannt. Die an den Nahtstellen der einzelnen Splines zu berücksichtigenden Randbedingungen müssen noch untersucht werden. Kubische Splines besitzen die Minimalkrümmungseigenschaft /63, 65/, d.h. man kann zeigen, daß das Integral

$$K = const \cdot \int_0^l \kappa^2 ds \, ,$$

(5.1)

worin κ die Krümmung und ds die Bogenlänge ist, für kubische Splines minimal wird /65/. Dies besagt im wesentlichen, daß die Kurve nur so stark wie nötig gekrümmt ist und deshalb keine unerwarteten Krümmungen aufweist. Somit ist sie für die Freiformflächenbearbeitung gut geeignet. Weiterhin wird durch diese Wahl eine einfache Berechnung unter Echtzeitbedingungen gewährleistet.

Höherwertige Splineformate (siehe Kapitel 4.1.1.3) wie B-Splines oder NURBS können mittels geeigneter Algorithmen durch kubische Splinekurven approximiert werden. Damit könnte die Genauigkeit der in /76/ dargestellten linearen Approximation von NURBS in NC verbessert werden.

Für den Einsatz bei der fünfachsigen Bearbeitung werden im folgenden aufgrund der erörterten Eigenschaften kubische Splinekurven zur Interpolation der Position und Orientierung des Werkzeugs näher betrachtet.

5.2 Splinekurven zur Interpolation von Position und Orientierung des Werkzeugs

Die Berechnung von Splinekurven im Werkstückkoordinatensystem bedeutet, wie in <u>Bild 5.1</u> dargestellt, die Ermittlung von getrennten Splinekurven sowohl für die Werkzeugposition $P_i(x_i,y_i,z_i)$, als auch für die Werkzeugorientierung $Q_i(i_i,j_i,k_i)$. Die Splinekurve für die Werkzeugorientierung kann auf dieselbe Weise berechnet werden wie diejenige für die Werkzeugposition. Die beiden Kurven sind durch einen gemeinsamen Parameter t miteinander verknüpft. Um Sprünge der Krümmung entlang der kubischen Splinekurve zu vermeiden, wird an den Nahtstellen zwischen den einzelnen Splines die Stetigkeit des Funktionswerts, der ersten und der zweiten Ableitung der Bahn gefordert.

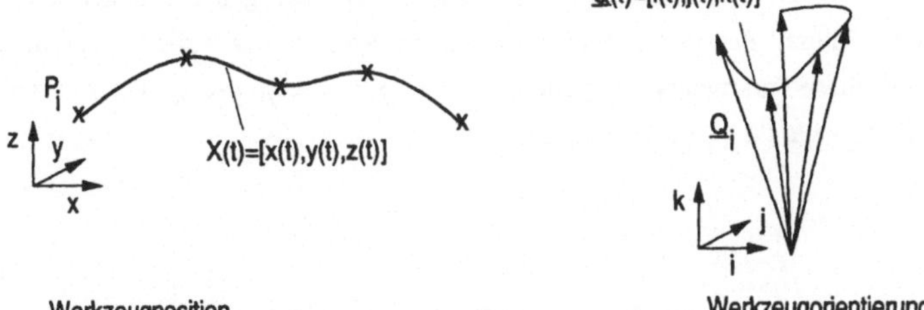

<u>Bild 5.1</u>: Splines für Punkte P_i und Vektoren Q_i

Im folgenden wird die sogenannte **Splinegenerierung,** die Berechnung der krümmungs-stetigen Splinekurve, für die Werkzeugposition in drei Schritten berechnet:

- Berechnung einer krümmungsstetigen Splinekurve aus den Werkzeugpositionen und einer gegebenen Parametrisierung, d.h. den Werkzeugpositionen zugeordnete Parameterwerte,

- Bestimmung der Randbedingungen am Anfang und am Ende der Splinekurve,

- Bestimmung einer geeigneten Parametrisierung.

Dabei werden die aus der Literatur bekannten Algorithmen aufgegriffen, modifiziert und erweitert und nur soweit angegeben, wie für das Verständnis erforderlich ist.

5.2.1 Berechnung einer krümmungsstetigen kubischen Splinekurve

In <u>Bild 5.2</u> sind die Bezeichnungen für die im folgenden zu berechnende Splinekurve angegeben.

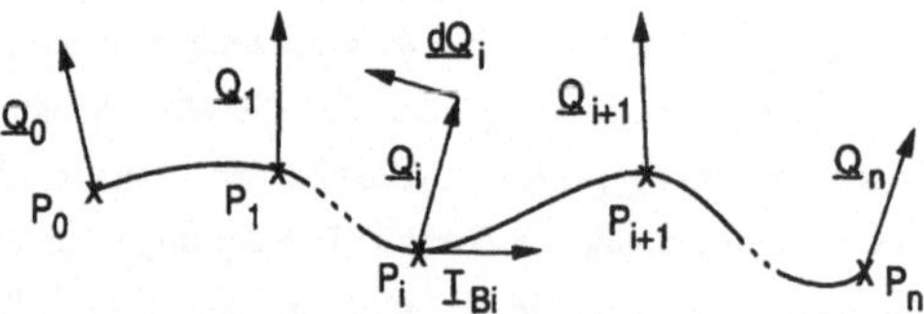

<u>Bild 5.2</u>: Splinegenerierung aus Punkt-Vektor-Folgen

Gegeben seien $(n+1)$ Punkte $P_0,...,P_n$, sowie die zugehörigen Parameterwerte t_i. Die Bestimmung dieser Parameter muß im weiteren Verlauf der Arbeit noch untersucht werden. Für diese Parameterwerte gelte $t_0 < t_1 < t_2 < ... < t_{n-1} < t_n$. Die Intervallängen eines Teilintervalls $t \in [t_i, t_{i+1}]$ seien mit

$$\Delta t_i = t_{i+1} - t_i \tag{5.2}$$

bezeichnet. Jedes benachbarte Punktepaar P_i, P_{i+1} wird durch ein kubisches Kurvenstück $\underline{h}_i(t)$ mit der Darstellung

$$\underline{h}_i(t) = \underline{a}_i(t - t_i)^3 + \underline{b}_i(t - t_i)^2 + \underline{c}_i(t - t_i) + \underline{d}_i \tag{5.3}$$

miteinander verbunden. In Gleichung (5.3) gelte

$$t \in \left[t_i, t_{i+1}\right], \quad i = 0, 1, \ldots(n-1), \quad \underline{h}_i(t) = \begin{pmatrix} x_i(t) \\ y_i(t) \\ z_i(t) \end{pmatrix}, \quad \underline{a}_i = \begin{pmatrix} a_{ix} \\ a_{iy} \\ a_{iz} \end{pmatrix}, \quad P_i = \begin{pmatrix} P_{ix} \\ P_{iy} \\ P_{iz} \end{pmatrix}. \tag{5.4}$$

Die Gesamtheit der Kurvensegmente $\underline{h}_i(t)$ bildet insgesamt die kubische Splinekurve $H(t)$. Da die Splinekurve krümmungsstetig sein soll, muß $H(t)$ auch an den Segmenttrennpunkten $P_1,\ldots,P_{n-1}$ mindestens zweimal stetig differenzierbar sein. Die zugehörigen Bedingungen lauten

$$\begin{aligned}
\underline{h}_i(t_i) &= \underline{h}_{i-1}(t_i) \quad && \text{und} \quad && \underline{h}_i(t_{i+1}) = \underline{h}_{i+1}(t_{i+1}) \, , \\
\dot{\underline{h}}_i(t_i) &= \dot{\underline{h}}_{i-1}(t_i) \quad && \text{und} \quad && \dot{\underline{h}}_i(t_{i+1}) = \dot{\underline{h}}_{i+1}(t_{i+1}) \, , \\
\ddot{\underline{h}}_i(t_i) &= \ddot{\underline{h}}_{i-1}(t_i) \quad && \text{und} \quad && \ddot{\underline{h}}_i(t_{i+1}) = \ddot{\underline{h}}_{i+1}(t_{i+1}) \, .
\end{aligned} \tag{5.5}$$

Es sei angemerkt, daß bei dem hier beschriebenen Verfahren die Tangenten an den Stützstellen innerhalb der Splinekurve nicht vorgegeben werden, sondern lediglich ihre Stetigkeit dort verlangt wird. Es gibt Verfahren, die diese Tangenten explizit vorschreiben. Die Art der Vorschrift hat dabei wesentlichen Einfluß auf die Kurvenform. Beispielsweise kann durch geeignete Vorgabe der Tangenten bewirkt werden, daß sich der Kurvenverlauf eng an den korrespondierenden Polygonzug annähert. Ein solches Verfahren ist die Akima-Interpolation /4, 79/. Weiterhin werden tangentenstetige Splines innerhalb der flächenorientierten Steuerdatenaufbereitung bei der flächenorientierten Steuerung nach /26/ eingesetzt. Dort werden die Tangenten im Werkzeugbezugspunkt aus den Tangenten an die Fläche im Eingriffspunkt des Werkzeugs mit dem Werkstück abgeleitet. Alle diese Verfahren ergeben i. allg. Sprünge der zweiten Ableitung an den Stützstellen und werden im folgenden nicht mehr verfolgt.

Stellvertretend für alle Koordinaten wird im weiteren nur noch die x-Koordinate betrachtet. Für die y- und die z-Koordinate gelten die Gleichungen entsprechend.

Setzt man die ersten beiden Bedingungen aus (5.5) in Gleichung (5.3) ein, ergibt sich

$$\begin{aligned}
x_i(t_i) &= P_{i,x} = d_{ix}, \quad && x_i(t_{i+1}) = P_{i+1,x} = a_{ix}\Delta t_i^3 + b_{ix}\Delta t_i^2 + c_{ix}\Delta t_i + d_{ix} \, , \\
\dot{x}_i(t_i) &:= P_{i,x}' = c_{ix}, \quad && \dot{x}_i(t_{i+1}) = P_{i+1,x}' = 3a_{ix}\Delta t_i^2 + 2b_{ix}\Delta t_i + c_{ix} \, ,
\end{aligned} \tag{5.6}$$

wobei zur Abkürzung in den Segmenttrennpunkten die zunächst noch unbekannten Tangenten P'_i an den Stützstellen P_i eingeführt wurden. Wird (5.6) aufgelöst, erhält man

$$a_{ix} = \frac{1}{(\Delta t_i)^3}\left[2(P_{i,x} - P_{i+1,x}) + \Delta t_i(P'_{i,x} + P'_{i+1,x})\right] ,$$

$$b_{ix} = \frac{1}{(\Delta t_i)^2}\left[3(P_{i+1,x} - P_{ix}) - \Delta t_i(2P'_{i,x} + P'_{i+1,x})\right] .$$

(5.7)

Wird dieses Resultat sowie (5.6) in (5.3) eingesetzt, erhält man die sogenannte Hermite- oder Ferguson-Darstellung /65/ einer kubischen Splinekurve:

$$x_i(t_i) = P_{i,x}(2\frac{(t-t_i)^3}{(\Delta t_i)^3} - 3\frac{(t-t_i)^2}{(\Delta t_i)^2} + 1) + P_{i+1,x}(-2\frac{(t-t_i)^3}{(\Delta t_i)^3} + 3\frac{(t-t_i)^2}{(\Delta t_i)^2})$$

$$+ P'_{i,x}(\frac{(t-t_i)^3}{(\Delta t_i)^2} - 2\frac{(t-t_i)^2}{(\Delta t_i)} + (t-t_i)) + P'_{i+1,x}(\frac{(t-t_i)^3}{(\Delta t_i)^2} - \frac{(t-t_i)^2}{(\Delta t_i)}) .$$

(5.8)

Mit der Gleichung (5.8) kann aus jeweils zwei benachbarten Werkzeugpositionen, den zugeordneten Parameterwerten und beiden Tangenten ein kubischer Spline berechnet werden.

Im weiteren sind die Bedingungen zur Krümmungsstetigkeit zu berücksichtigen. Die erste Ableitung von (5.8) lautet

$$\dot{x}_i(t_i) = 6\,P_{i,x}(\frac{(t-t_i)^2}{(\Delta t_i)^3} - \frac{(t-t_i)}{(\Delta t_i)^2}) + 6P_{i+1,x}(-\frac{(t-t_i)^2}{(\Delta t_i)^3} + \frac{(t-t_i)}{(\Delta t_i)^2})$$

$$+ P'_{i,x}(3\frac{(t-t_i)^2}{(\Delta t_i)^2} - 4\frac{(t-t_i)}{(\Delta t_i)} + 1) + P'_{i+1,x}(3\frac{(t-t_i)^2}{(\Delta t_i)^2} - 2\frac{(t-t_i)}{(\Delta t_i)})$$

(5.9)

und die zweite Ableitung

$$\ddot{x}_i(t) = 6P_{i,x}\left(2\frac{(t-t_i)}{(\Delta t_i)^3} - \frac{1}{(\Delta t_i)^2}\right) + 6P_{i+1,x}\left(-2\frac{(t-t_i)}{(\Delta t_i)^3} + \frac{1}{(\Delta t_i)^2}\right)$$

$$+ 2P'_{i,x}\left(3\frac{(t-t_i)}{(\Delta t_i)^2} - \frac{2}{\Delta t_i}\right) + 2P'_{i+1,x}\left(3\frac{(t-t_i)}{(\Delta t_i)^2} - \frac{1}{\Delta t_i}\right).$$

(5.10)

Aus (5.5) und (5.10) kann die folgende Rekursionsformel entwickelt werden:

$$\Delta t_i P'_{i-1,x} + 2(\Delta t_{i-1} + \Delta t_i)P'_{i+1,x} + \Delta t_{i-1}P'_{i+1,x} = 3\frac{\Delta t_{i-1}}{\Delta t_i}(P_{i+1,x} - P_{i,x}) + 3\frac{\Delta t_i}{\Delta t_{i-1}}(P_{i,x} - P_{i-1,x}) \quad (5.11)$$

Gleichung (5.11) bestimmt die Tangenten P'_i an den Nahtstellen aus den gegebenen Werkzeugpositionen P_i und den Parameterwerten t_i. Aus (5.11) erhält man für i=1, 2 ...(n-1) ein tridiagonales lineares Gleichungssystem mit (n-1) Gleichungen für die (n+1) Unbekannten $P_{0,x}...,P'_{n,x}$. Die beiden verbleibenden Freiheitsgrade müssen durch Vorgabe geeigneter Randbedingungen belegt werden.

5.2.2 Bestimmung der Randbedingungen am Anfang und am Ende der Splinekurve

Mathematisch gesehen kann das aus (5.11) abgeleitete Gleichungssystem durch zwei beliebige Bedingungen eindeutig gelöst werden. Im vorliegenden Fall muß damit die Kurve an die vorhergehende und an die nachfolgende Bahn angepaßt werden. Bei der Bestimmung der Randbedingungen ist deren globaler Einfluß auf die Splinekurve zu beachten.

Simulationen im Rahmen der Arbeit haben ergeben, daß die Vorgabe der Krümmung an den Rändern nicht empfehlenswert ist, da sich nur schwierig entsprechende Kriterien zu deren Dimensionierung ableiten lassen. Es wird daher empfohlen, die Tangenten an den Rändern vorzuschreiben.

Die Steigungen am Anfang T_0 und am Ende T_n der Splinekurven werden durch

$$T_{0,x} = P'_{0,x} = \dot{x}_0\,(t_0), \qquad T_{n,x} = P'_{n,x} = \dot{x}_{n-1}(t_n) \tag{5.12}$$

und entsprechend für die y- und z-Komponenten vorgegeben. Die Tangenten T_0 und T_n werden zweckmäßigerweise derart bestimmt, daß sich die Splinekurve auf geeignete Art und Weise der vorangehenden und der nachfolgenden Bahn anpaßt. Die Tangenten können beispielsweise dadurch festgelegt werden, daß aus den ersten und letzten Stützpunkten der Splinekurve jeweils eine Parabel oder ein polynomialer kubischer Spline berechnet wird. Die Ableitungen dieser Kurven nach t in P_0 bzw. P_n liefern die gesuchten Randtangenten nach Betrag und Richtung. Ebenso kann die Tangente direkt aus der vorangehenden Bahn abgeleitet werden.

Die Gleichung (5.11) ergibt zusammen mit (5.12) das tridiagonale lineare Gleichungssystem (5.13) mit (n+1) Gleichungen zur Bestimmung der (n+1) Tangenten P_i' aus den Punkten P_i. Das bedeutet, daß in der Matrix nur die Elemente der Hauptdiagonalen sowie ein Element links und rechts davon von Null verschiedene Werte haben. Dadurch ist weniger Speicherplatz erforderlich, und die erforderliche Invertierung der Matrix vereinfacht sich deutlich und beschleunigt die Berechnung /65, 80/.

Insgesamt können aus der Gleichung (5.13), ausgehend von einer Folge von Werkzeugpositionen P_i und einer bekannten Parametrisierung -, jeder Werkzeugposition muß ein Parameterwert zugeordnet werden - die Tangenten P'_i derart definiert werden, daß sich eine krümmungsstetige Splinekurve ergibt. Aus der Ferguson-Gleichung (5.8) lassen sich anschließend mit den Punkten P'_i und P_i die Koeffzienten der Splinekurve berechnen.

$$
\begin{bmatrix}
1 & 0 & 0 & 0 & \cdots\cdots\cdots\cdots\cdots\cdots & 0 \\
\Delta t_1 & 2(\Delta t_0 + \Delta t_1) & \Delta t_0 & 0 & & \cdot \\
0 & \Delta t_2 & 2(\Delta t_1 + \Delta t_2) & \Delta t_1 & & \cdot \\
\cdot & & & & & \cdot \\
\cdot & & & & 0 & \cdot \\
\cdot & & & \Delta t_{n-1} & 2(\Delta t_{n-2} + \Delta t_{n-1}) & \Delta t_{n-1} \\
0 & \cdots\cdots\cdots\cdots\cdots\cdots & 0 & 0 & & 1
\end{bmatrix}
\begin{bmatrix}
P'_{0,x} \\ P'_{1,x} \\ \cdot \\ \cdot \\ \cdot \\ P'_{n-1,x} \\ P'_{n,x}
\end{bmatrix}
$$

$$
=
\begin{bmatrix}
0 & 0 & 0 & 0 & \cdots\cdots\cdots\cdots\cdots\cdots\cdots & 0 \\
-3\dfrac{\Delta t_1}{\Delta t_0} & 3\left(\dfrac{\Delta t_1}{\Delta t_0} - \dfrac{\Delta t_0}{\Delta t_1}\right) & 3\dfrac{\Delta t_1}{\Delta t_0} & 0 & & \cdot \\
0 & -3\dfrac{\Delta t_2}{\Delta t_1} & 3\left(\dfrac{\Delta t_2}{\Delta t_1} - \dfrac{\Delta t_1}{\Delta t_2}\right) & 3\dfrac{\Delta t_1}{\Delta t_2} & 0 & \cdot \\
0 & & & & & \cdot \\
\cdot & & -3\dfrac{\Delta t_{n-1}}{\Delta t_{n-2}} & 3\left(\dfrac{\Delta t_{n-1}}{\Delta t_{n-2}} - \dfrac{\Delta t_{n-2}}{\Delta t_{n-1}}\right) & 3\dfrac{\Delta t_{n-2}}{\Delta t_{n-1}} \\
0 & \cdots\cdots\cdots\cdots\cdots & 0 & 0 & & 0
\end{bmatrix}
\begin{bmatrix}
P_{0,x} \\ P_{1,x} \\ \cdot \\ \cdot \\ \cdot \\ P_{n-1,x} \\ P_{n,x}
\end{bmatrix}
+
\begin{bmatrix}
T_{0,x} \\ 0 \\ \cdot \\ \cdot \\ \cdot \\ 0 \\ T_{n,x}
\end{bmatrix}
$$

$$(5.13)$$

Für die Werkzeugorientierung Q führt ein Ansatz nach (5.3) mit (5.4) und (5.5) auf eine entsprechende Lösung. Die Parameterwerte für die gegebenen diskreten Werkzeugorientierungen können von denjenigen der Werkzeugpositionen übernommen werden. Die beiden verbleibenden Freiheitsgrade werden zweckmäßigerweise dazu benutzt, die Ableitungen der Werkzeugorientierung des ersten und letzten Punktes aus den benachbarten Orientierungen zu bestimmen, um die Splinekurve "glatt" in den benachbarten Orientierungsverlauf einzubetten.

5.2.3   Bestimmung einer geeigneten Parametrisierung

Zur vollständigen Bestimmung der Splinekurve ist noch eine geeignete Ermittlung der zu den Werkzeugpositionen gehörigen Parameterwerte zu erörtern. Die Wahl der Zuordnung der Parameterwerte zu den Stützpunkten beeinflußt bei den zuvor erörterten krümmungsstetigen, kubischen Splinekurven entscheidend die Kurvenform und stellt dadurch ebenfalls einen Freiheitsgrad dar. Dies rührt daher, daß die Länge des Parameterintervalls wegen der Kettenregel der Differentiationsrechnung die Ableitungen verändert und somit über die Anschlußbedingungen an den Segmenttrennpunkten den Verlauf der Splinekurve beeinflußt /65, 81/. Insofern ist es auch wichtig, daß dann, wenn bei der Stützpunktberechnung in der NC-Programmierung die Splineinterpolation der NC durch einen großen Stützpunktabstand genutzt werden soll, für evtl. erforderliche Kontrollberechnungen im NC-Programmiersystem dieselben Splines mit insbesondere derselben Parametrisierung eingesetzt werden wie in der NC. Im folgenden wird daher der Einfluß der Parametrisierung auf die Kurvenform bei der Splineinterpolation diskutiert.

Der Kurvenparameter t kann als Zeit aufgefaßt werden, die erforderlich ist, um die Werkzeugpositionen auf den Splinesegmenten X_i zu durchlaufen /65/. Im einfachsten Fall der äquidistanten Parametrisierung steht für jedes Splinesegment die gleiche Zeit zur Verfügung. Haben die Punkte nun unterschiedliche Abstände, so müssen die Splinesegmente mit unterschiedlichen Geschwindigkeiten durchlaufen werden, was aufgrund der Krümmungsstetigkeit beispielsweise zu einem Überschießen über den Zielpunkt hinaus - wie in <u>Bild 5.3</u>,a zwischen den Punkten P_2 und P_3 - oder sogar zu Singularitäten führen kann /82/. Die Parametrisierung ist also entsprechend der Lage der gegebenen Punktemenge zu wählen. Haben die Stützpunkte P_i in etwa gleiche Abstände

$$\Delta_i = \left| P_{i+1} - P_i \right|, \tag{5.14}$$

kann die **äquidistante Parametrisierung** angewendet werden. Es gilt

$$\Delta t_i = const. \text{ für alle } i \in \{0,...,N-1\}, \text{ mit } \Delta t_i = t_{i+1} - t_i, \tag{5.15}$$

wobei zur Vereinfachung der Darstellung in jedem Intervall der Parameter t von Null bis eins laufen kann.

Um die unterschiedliche Lage der Punkte P_i zu berücksichtigen, müssen für die Zuordnung der Parameterwerte zu den Stützpunkten Verfahren angewendet werden, die den
Abstand der Punkte nach Betrag oder zusätzlich nach Richtung berücksichtigen. Als
Beispiel sei hierfür die sogenannte **chordale Parametrisierung** genannt, bei der die zu
den Punkten P_i gehörenden Parameterwerte t_i folgendermaßen bestimmt werden /65,
83/:

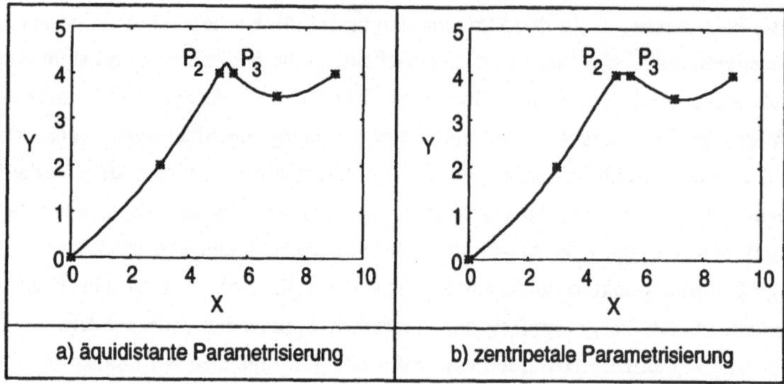

<u>Bild 5.3</u>: Interpolation einer Punktemenge mit gleichem Spline, aber verschiedener
Parametrisierung

$$t_i = \sum_{j=0}^{i} \Delta_j \cdot \frac{a}{s}, \quad i = 0, 1, \ldots(N-1), \quad s = \sum_{i=0}^{N-1} \Delta_i \text{ und } t \in [0,a], \qquad (5.16)$$

Eine Erweiterung von Gleichung (5.16) stellt die **zentripetale Parametrisierung** dar.
Die Parameterwerte berechnen sich durch

$$t_i = \sum_{j=0}^{i} \left(\frac{a}{s} \cdot \sqrt{\Delta_j} \right), \quad i = 0, 1, \ldots(N-1), \quad s = \sum_{i=0}^{N-1} \Delta_i \text{ und } t \in [0,a], \qquad (5.17)$$

Die Verfahren können auch miteinander kombiniert werden. Je besser Lage und Abstän-
de der Punkte bei der Parametrisierung berücksichtigt werden, um so glatter wird der
Kurvenverlauf sein und um so weniger werden unerwartete Krümmungen auftreten.
Weiterhin wird durch eine derartige Parametrisierung der Kurvenparameter weitgehend
der Bogenlänge der Kurve entsprechen. In Bild 5.3 sind zwei verschiedene Arten der
Parametrisierung mit ein und demselben kubischen Spline und identischen Randbedin-

gungen dargestellt. Man beachte die charakteristischen Unterschiede zwischen den Punkten P_2 und P_3.

Damit sind die krümmungsstetigen Splinekurven für Werkzeugposition und Werkzeugorientierung eindeutig bestimmt. Im folgenden sind geeignete Methoden zur Interpolation dieser Splinekurven zu untersuchen.

5.3 Interpolation von Splinekurven

Unter **Splineinterpolation** sei hier ein Algorithmus verstanden, der die Funktionswerte des Splines direkt aus den zugehörigen Gleichungen ableitet. Verfahren, welche die Splines abtasten und zwischen den dadurch grob interpolierten Stützpunkten linear interpolieren (z.B. /84/), werden hier nicht mit Splineinterpolation bezeichnet und im weiteren Verlauf der Arbeit nicht betrachtet.

Bei der Interpolation von Splinekurven werden einem Algorithmus die Splinekurven in Form von Koeffizienten vorgegeben. An dieser Stelle kann somit nicht mehr unterschieden werden, ob es sich um stetige, tangentenstetige oder um krümmungsstetige Splinekurven handelt. Diese Sachverhalte sind ausschließlich bei der Splinegenerierung zu betrachten.

5.3.1 Splineinterpolation

Ein direkter Interpolationsalgorithmus ist beispielsweise in /26, 61/ beschrieben. Zweckmäßigerweise wird dabei ein bestehender Interpolator um die Funktionalität der Splineinterpolation erweitert, und die Module für Linear- und Zirkularinterpolation bleiben bestehen. Eine strukturell motivierte Umwandlung aller Bahnarten in ein Splineformat, wie in /26/ vorgeschlagen, hat sich aufgrund der problematischen Darstellung von Kreisbögen durch rationale Splines nicht bewährt.

Die in der NC unter Echtzeitbedingungen ausgeführte Interpolation muß zu jedem diskreten Interpolationszeitpunkt die aus einem Bahnsegment vorgegebener Länge resultierenden Sollwerte für die Maschinenachsen bereitstellen. Die Länge des im jeweiligen Interpolationsintervall zu fahrenden Bahnsegments ergibt sich im wesentlichen aus dem Interpolationstakt, der programmierten Bahngeschwindigkeit, dem aktuellen Override und aus dem aktuellen Zustand des SLOPE (Beschleunigen, Fahren mit konstanter Geschwindigkeit, Verzögern). Eine aus technologischen oder wirtschaftlichen Gründen vorgegebene Bahngeschwindigkeit kann nur eingehalten werden, wenn der Interpolator der NC innerhalb des zur Verfügung stehenden Interpolationsintervalls die Sollwerte für die Maschinenachsen berechnen kann. Reicht diese Zeitspanne nicht aus, ergeben sich Vorschubeinbrüche.

5.3.2 Bahngeschwindigkeit bei der Splineinterpolation

Während bei der Linear- und Kreisinterpolation der Zusammenhang zwischen Bahnparameter t und der Bahnlänge s unmittelbar gegeben ist, besteht bei Splinefunktionen nach Gleichung (5.3) das Problem, daß der Zusammenhang zwischen dem Bahnparameter t und der Bahnlänge s nur über die Beziehung

$$s(t) = \int_{\tau=t_0}^{\tau=t} \sqrt{\left(\frac{dx(\tau)}{d\tau}\right)^2 + \left(\frac{dy(\tau)}{d\tau}\right)^2 + \left(\frac{dz(\tau)}{d\tau}\right)^2}\, d\tau \tag{5.18}$$

gegeben ist /63/, worin

$$X(t) = \begin{pmatrix} x(t) \\ y(t) \\ z(t) \end{pmatrix}$$

nach Gleichung (5.3) eine kubische Splinefunktion für den Werkzeugbezugspunkt ist. Wünschenswert wäre eine Parametrisierung nach der Bahnlänge, d.h. eine Splinefunktion, deren Parameter ein direktes Maß für die Bahnlänge darstellt. Da die Länge des Splinebogens jedoch zu Beginn der Berechnung noch nicht feststeht, kann eine solche Bedingung nicht in das Berechnungsschema eingebracht werden.

Das Integral in Gleichung (5.18) kann bereits für kubische Funktionen nicht mehr geschlossen gelöst werden /63/. Deshalb kann auch die gesuchte Umkehrfunktion t(s), die zusammen mit (5.3) eine direkte Berechnung der Funktionswerte des Splines aus dem zu fahrenden Bahninkrement ermöglichen würde, nicht explizit angegeben werden.

Aus diesem Grund werden üblicherweise deshalb Algorithmen angewandt, die darauf basieren, das Parameterinkrement für den Bahnparameter linear zu extrapolieren und iterativ zu korrigieren. Aufgrund der Echtzeitrandbedingungen muß die Anzahl der Schleifendurchläufe pro Iteration begrenzt werden. Folglich wird diese Schätzung mit der Wirklichkeit um so weniger übereinstimmen, je stärker die Krümmung der Kurve ist. Solche Verfahren führen damit zu diskontinuierlichen Verläufen des Vorschubs.

Bessere Resultate erreicht man mit in /26, 61, 85/ beschriebenen Verfahren, die die Umkehrfunktion t(s) von Gleichung (5.18) näherungsweise berechnen. In /26/ wird diese Parametertransformation als **inverse Bogenlängenfunktion** eingeführt und deren Berechnung beschrieben, weshalb hier auf eine ausführliche Erläuterung verzichtet wird. Damit ist der Zusammenhang von t und s bekannt, und die Sollwerte für eine konstante Bahngeschwindigkeit können iterationsfrei berechnet werden.

Es sei angemerkt, daß zur Berechnung des Vorschubs im Werkstückkoordinatensystem nur diejenigen Koordinaten zu berücksichtigen sind, die die Bewegung der Werkzeugposition beschreiben, nicht jedoch diejenigen, die die Orientierung beschreiben, weil ein programmierter Vorschub sich immer auf den Werkzeugbezugspunkt bezieht und nicht auf die Werkzeugorientierung. Innerhalb der NC müssen noch zu untersuchende Methoden und Algorithmen innerhalb einer Bahnvorbereitung sicherstellen, daß der programmierte Vorschub im Rahmen der dynamischen Eigenschaften der Maschinenachsen nach Möglichkeit eingehalten wird.

Da bei reinen Orientierungsänderungen die Bahnlänge nach Gleichung (5.18) gleich Null ist, wird auch die Bahngeschwindigkeit zu Null, da die Orientierung nicht in unendlich kurzer Zeit verändert werden kann. Solche Fälle sind durch eine über mehrere Splines sich erstreckende Anpassung des Vorschubs zu berücksichtigen, um Unstetigkeiten des Vorschubs an Nahtstellen von Splines zu verhindern.

Damit ist die Generierung und Interpolation von krümmungsstetigen, kubischen Splinekurven untersucht. Im folgenden müssen hierfür eine geeignete Steuerungsstruktur und die erforderlichen Funktionsmodule erarbeitet werden.

6 Konzeption von Modulen zur Verarbeitung von Punkt-Vektor-Folgen mittels Splinekurven

Im folgenden wird davon ausgegangen, daß der numerischen Steuerung die Werkzeugbewegung in Form von Punkt-Vektor-Folgen für die Werkzeugposition und die Werkzeugorientierung vorliegt. Im Rahmen dieser Arbeit wird diese Information aus dem maschinen- und steuerungsunabhängigen Format CLDATA gewonnen. Um die Datenmenge zu reduzieren, werden wie in <u>Bild 6.1</u> dargestellt, in der Arbeitsvorbereitung die für die Splinegenerierung nicht relevanten Punkte beispielsweise mit einem Toleranzschlauchverfahren ermittelt. Nur die verbleibenden Punkte werden an die Steuerung weitergegeben.

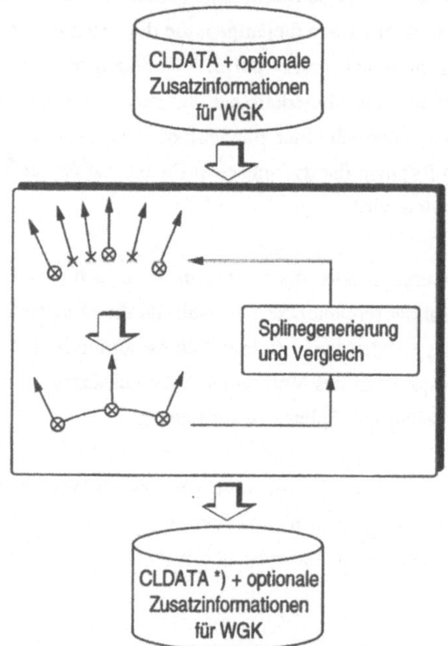

<u>Bild 6.1</u>: Reduzierung der Datenmenge bei CLDATA

Zur Sicherstellung der Genauigkeit werden die Splinekurven nach demselben Verfahren wie später in der Steuerung berechnet und mit den weggelassenen Punkten verglichen.

Ist ein Punkt weiter als die erlaubte Toleranz von der Kurve entfernt, darf dieser nicht weggelassen werden sondern muß bei der Splinegenerierung ebenfalls berücksichtigt werden.

Nachfolgend wer7den die Module konzipiert, die für die Umsetzung des erarbeiteten Steuerungssystems erforderlich sind. Ihre Funktionalitäten, Schnittstellen und ihre Integration in ein modulares, konfigurierbares Steuerungssystem werden diskutiert.

6.1 Erforderliche Funktionsmodule in der NC

In Bild 6.2 ist die bisherige Vorgehensweise der neuen Struktur gegenübergestellt. Durch die Splineverarbeitung kann der Abstand der Stützpunkte für die Position und die Orientierung des Werkzeugs deutlich vergrößert werden. Die optionale Lieferung von Zusatzinformationen, mit denen die Werkzeuggeometrie in der Steuerung beeinflußt werden kann (siehe Kapitel 4.2), muß im Programmiersystem implementiert werden. Die Funktionalitäten einer Werkzeuggeometriekompensation in der NC hängen dabei direkt von den verfügbaren Zusatzinformationen ab, die das im Einzelfall eingesetzte NC-Programmiersystem zusätzlich zur Punkt-Vektor-Information und den technologischen Daten zur Verfügung stellen kann.

Grundvoraussetzung für die Umsetzung des Konzepts ist die Möglichkeit einer Programmierung sowohl in Maschinenkoordinaten als auch in dem aus Werkzeugposition und Werkzeugorientierung bestehenden Werkstückkoordinatensystem. Alle betroffenen Funktionsmodule der NC müssen Bewegungen in diesen beiden über die kinematische Transformation zusammenhängenden Koordinatensystemen verarbeiten können.

Im einzelnen müssen folgende neue Funktionsmodule integriert bzw. vorhandene erweitert werden (Bild 6.2):

- Ein **erweiterter Decoder** setzt on line die NC-Steuerinformationen in das interne Format der NC um. Dies kann auf Basis vorhandener NC-Decoder und Postprocessoren erfolgen. Dabei müssen schrittweise die CLDATA-Sprachelemente in Form von Erweiterungen in den bestehenden Decoder integriert werden. Hierbei ist zu beachten, daß der Decoder on line, also mit akzeptablen Rechenzeiten und ohne Interaktionen mit dem Maschinenbediener, auskommt.

- Durch das Modul **Werkzeuggeometriekompensation** können bei Vorliegen der erforderlichen Zusatzinformationen die Positionen der Werkzeugbezugspunkte an die aktuelle Werkzeuggeometrie angepaßt werden.

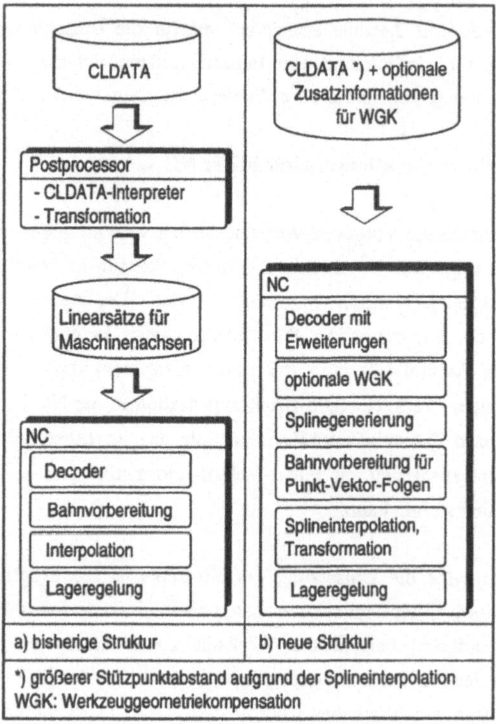

Bild 6.2: Einsatz der Splineverarbeitung in der NC zur Verarbeitung von Punkt-Vektor-Folgen

- Im Modul **Splinegenerierung** werden die krümmungsstetigen, kubischen Splinekurven für eine Folge von Werkzeugsbezugspunkten und zugehörigen Orientierungen berechnet.

- Im Rahmen der **Bahnvorbereitung für Punkt-Vektor-Folgen** müssen die programmierten Vorschübe den dynamischen Eigenschaften der Werkzeugmaschine angepaßt werden, damit keine Bahnverletzungen aufgrund überschrittener Grenzwerte für Vorschub oder Beschleunigung einer Maschinenachse auftreten.

- Die **Splineinterpolation** für Werkzeugbezugspunkt und Orientierung sowie die Rückwärtstransformation in das Maschinenkoordinatensystem erfolgen im Interpolationstakt.

6.2 Werkzeuggeometriekompensation im Punkt-Vektor-System

Wie in Bild 6.2,b dargestellt, müssen die von einem Decoder bzw. Interpreter aufgearbeiteten Bewegungsinformationen zunächst der Werkzeuggeometriekompensation unterzogen werden, falls an der Steuerung ein anderes Werkzeug angewählt wurde als in der Arbeitsvorbereitung festgelegt. Dazu müssen die entsprechenden Zusatzinformationen (Normalenvektor und ggf. Bahntangentenvektor, siehe Kapitel 4.2) vorhanden sein.

In <u>Bild 6.3</u> ist die Vorgehensweise im Modul Werkzeuggeometriekompensation grob in Form eines Struktogramms dargestellt. Die Berechnungen des für das neue Werkzeug gültigen Werkzeugbezugspunktes erfolgen gemäß den im Kapitel 4.2 vorgestellten Algorithmen.

6.3 Splinegenerierung

Im Rahmen dieses Moduls müssen aus den Punkt-Vektor-Paaren, die durch das zuvor beschriebene Modul der aktuellen Werkzeuggeometrie angepaßt wurden, krümmungsstetige Splinekurven gebildet werden.

6.3.1 Segmentierung

Vor dem Beginn der Berechnung einer krümmungsstetigen Splinekurve müssen alle Stützpunkte sowie die beiden Randbedingungen berechnet werden. Da während dieser Berechnung den nachfolgenden Modulen keine Splinekurven bereitgestellt werden können, besteht vor allem bei einer großen Anzahl von Splinestützpunkten die Gefahr, daß die Maschine vor Beginn einer Splinekurve stehenbleibt.

Aus diesem Grund wird die zu erzeugende Splinekurve ab einer bestimmten Anzahl n_{max} von Stützpunkten in Abschnitte aufgeteilt. Diese Anzahl n_{max} muß auf die Leistungsfähigkeit der jeweils vorliegenden Hardware und den Rechenzeitbedarf der übrigen Steuerungsmodule abgestimmt werden. In <u>Bild 6.4</u> ist die Anzahl der zur Berechnung einer Splinekurve erforderlichen Rechenoperationen in Abhängigkeit von der Anzahl der Stützpunkte dargestellt. Die angegebenen Werte gelten für den in Kapitel 5.3 erörterten Algorithmus mit der tridiagonalen Matrix.

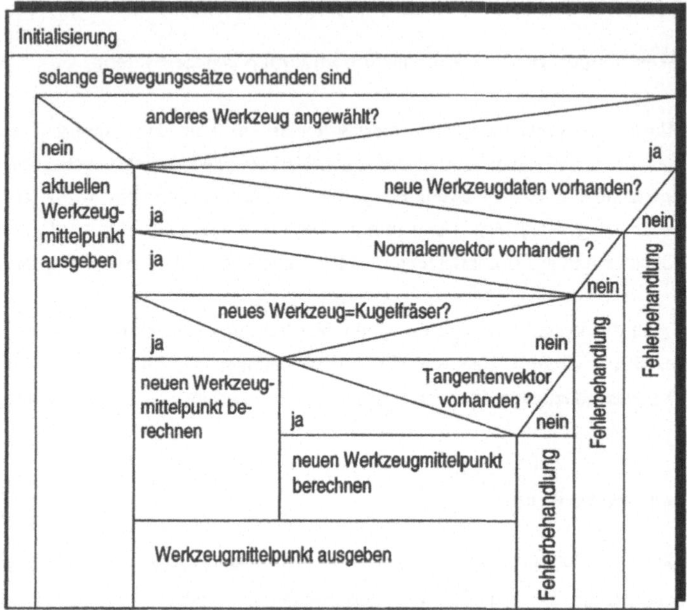

Bild 6.3: Vorgehensweise im Modul "Werkzeuggeometriekompensation"

Die durch die Aufteilung entstehenden Nahtstellen zweier Splinekurven werden jeweils mit geeigneten Übergangsbedingungen verbunden. Wird an diesen Stellen die Krümmungsstetigkeit aufgegeben und nur eine Tangentenstetigkeit gefordert, so kann der bisher beschriebene Algorithmus fortlaufend angewandt werden. Wird auch an den Nahtstellen die Stetigkeit der zweiten Ableitung gefordert, so sind am Anfang der ersten Splinekurve sowohl die Tangente als auch die Krümmung vorzugeben. Die daraus resultierende Tangente und die Krümmung am Ende der Kurve bilden die Anfangsbedingungen für die nächste Splinekurve usw. Dadurch kann allerdings am Ende der aus vielen Splinekurven bestehenden Bahn keine Randbedingung vorgegeben werden.

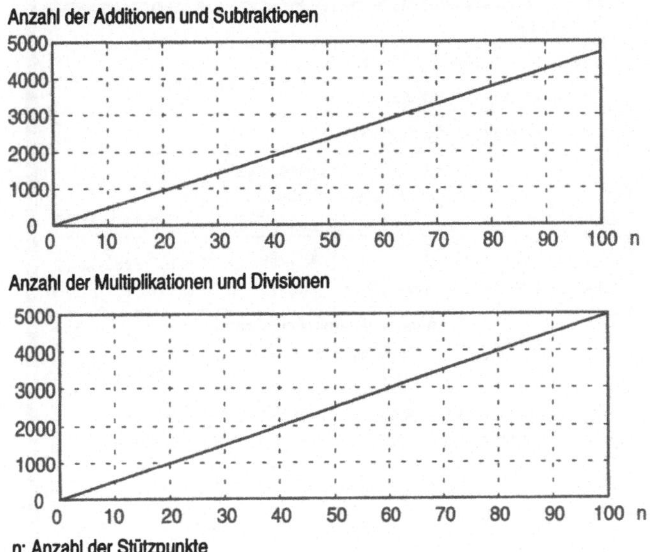

<u>Bild 6.4</u>: Anzahl der Rechenoperationen in Abhängigkeit von der Anzahl der Stütz-
punkte

6.3.2 Struktur des Moduls "Splinegenerierung"

In <u>Bild 6.5</u> ist die interne Struktur des vorliegenden Moduls in Form eines Struktogramms wiedergegeben. Ist die Splinekurve aus mehr als n_{max} Punkten zu generieren,
müssen nach jeweils n_{max} Punkten ein Teilstück der Kurve berechnet und die Teilstücke
miteinander verbunden werden. Die Anzahl von Punkten n_{max} wird wie oben beschrieben berechnet.

Nach der Ermittlung der vorangegangenen und der nachfolgenden Bahnart kann das tridiagonale Gleichungssystem zur Bestimmung der Splinekurve gelöst werden. Anschließend wird für jedes Splinesegment der Kurve die inverse Bogenlängenfunktion zur Herstellung des Zusammenhangs $t(s)$ zwischen dem Splineparameter t und der Bogenlänge s
des Splines für die nachfolgende Interpolation, wie in Kapitel 5.3.2 dargestellt, berechnet.

Initialisierung

Anzahl der eingelesenen Punkte < n_{max}
Punkt-Vektor-Paar einlesen

Datenanforderung == FALSE senden

Analyse der Anfangsbedingung:
vorausgehende Bahnart

Splinekurve   ?   andere Bahnart

Berechnung der Anfangsbedingung für krümmungsstetigen Anschluß	Berechnung der Anfangsbedingung gem. Vorschrift bei der Initialisierung

Analyse der Endbedingung:
nachfolgende Bahnart

Splinekurve   ?   andere Bahnart

Berechnung der Endbedingung für krümmungsstetigen Anschluß	Berechnung der Endbedingung gem. Vorschrift bei der Initialisierung

Lösung des tridiagonalen Gleichungssystems für Werkzeugposition $X(t)$ und Werkzeugorientierung $\underline{Q}(t)$

für alle Splinesegmente

Berechnung der inversen Bogenlängenfunktion $t(s)$

Ausgabe der Koeffizienten für alle $X(t)$, $\underline{Q}(t)$ und $t(s)$

<u>Bild 6.5</u>:   Vorgehensweise im Modul "Splinegenerierung"

6.4   Bahnvorbereitung für Bewegungen im Punkt-Vektor-System

Die im Modul Bahnvorbereitung angewandten Methoden und Algorithmen unterscheiden sich aufgrund der kinematischen Zusammenhänge zwischen Werkzeugbezugspunkt und Werkzeugorientierung einerseits und den fünf Maschinenachsen andererseits grundsätzlich von denjenigen bisheriger Bahnsteuerungen, bei denen Bewegungen einer Bahn im Raum immer linear auf Bewegungen von Maschinenachsen umgerechnet werden können /78/. Bei der fünfachsigen Bearbeitung bewirken Orientierungsänderungen des Werkzeugs nichtlineare Ausgleichsbewegungen in den translatorischen Achsen. Diese müssen insbesondere bei der Überwachung der dynamischen Eigenschaften der Antriebssysteme berücksichtigt werden. Lediglich bei dreiachsigen Linearbewegungen, d.h. Bewegungen mit konstanter Orientierung und dadurch stillstehenden rotatorischen Achsen, bewegen sich die Maschinenachsen ebenfalls linear.

Bereits bei linearen Bewegungen im Punkt-Vektor-Koordinatensystem führen die Maschinenachsen i. allg. nichtlineare Bewegungen aus. Zur Veranschaulichung ist in <u>Bild 6.6</u> eine einfache, durch die folgenden zwei NC-Sätze definierte Linearbewegung dargestellt:

N100 G91 X1 Y1 Z1 U-1 V1 W1
N110 X6 Y2 Z2 U1 V1 W1

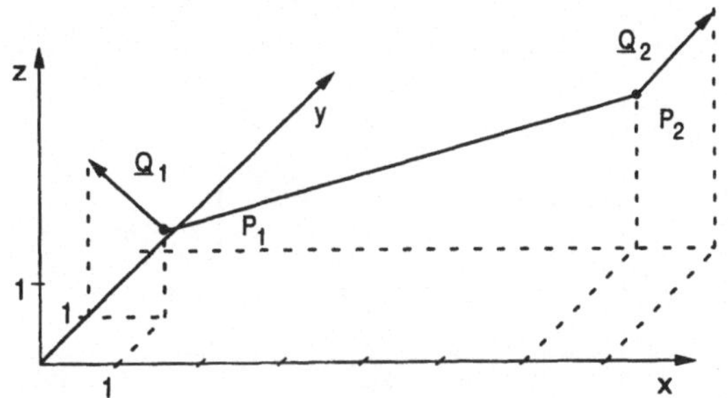

<u>Bild 6.6</u>: Linearbewegung im Raum mit Orientierungsänderung des Werkzeugs

Die Adreßbuchstaben U, V und W definieren dabei die Werkzeugorientierung in Form eines Vektors.

In <u>Bild 6.7</u> sind die aus der Bewegung nach Bild 6.6 resultierenden Achsbewegungen über der Bahnlänge s aufgezeichnet, wobei eine fünfachsige Modellfräsmaschine mit werkzeugtragender B-Achse und einem werkstücktragenden Rundtisch (C-Achse), der auf der X- und Y-Achse montiert ist, zugrunde gelegt wurde. Der Abstand des Werkzeugspitzenpunktes zum Drehpunkt der B-Achse betrug 165mm.

Daraus folgt, daß alle im Werkstückkoordinatensystem definierten fünfachsigen Bewegungen, auch Linearsätze, im allgemeinen nichtlineare Bewegungen in den Maschinenachsen hervorrufen. Deshalb werden im folgenden Verfahren für eine erweiterte Bahnvorbereitung erörtert.

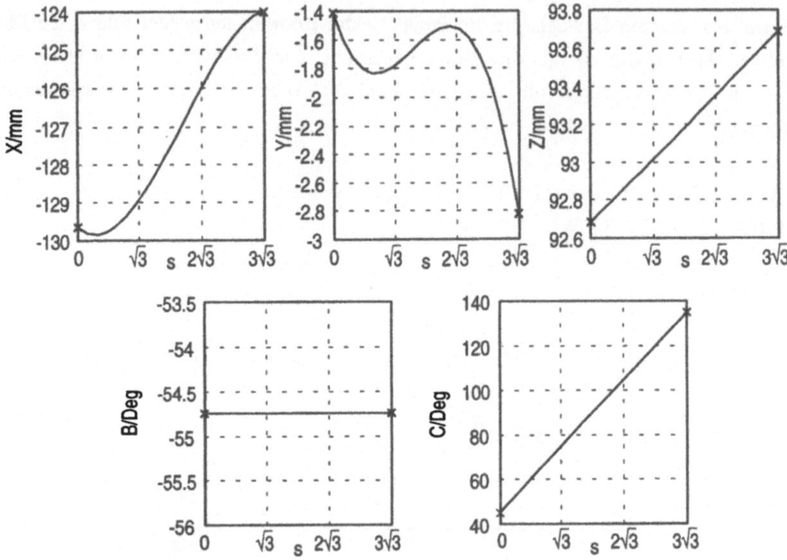

<u>Bild 6.7</u>: Aus einer Linearbewegung des Werkzeugs im Raum mit Orientierungsände-
rung resultierende Achsbewegungen

6.4.1 Wirkungsweise der Dynamiküberwachung

Das Prinzip der Dynamiküberwachung der Achsantriebssysteme beruht darauf, daß vor der Interpolation die Bewegungen der Maschinenachsen mit kubischen Splines approximiert werden. Zu deren Berechnung werden im folgenden zwei Werkzeugpositionen P_i, P_{i+1}, deren Tangenten $\underline{T}_i$ und $\underline{T}_{i+1}$ sowie die zugehörigen Werkzeugorientierungen $\underline{Q}_i$ und $\underline{Q}_{i+1}$ und deren Ableitungen $\underline{dQ}_i$ und $\underline{dQ}_{i+1}$ betrachtet (<u>Bild 6.8</u>). Die zugehörige Bewegung im Werkstückkoordinatensystem sei durch den Spline X(t)=[x(t), y(t), z(t)] bzw. Q(t)=[i(t), j(t), k(t)] beschrieben.

Die Bewegung der Maschinenachsen wird jeweils durch einen kubischen Spline in Abhängigkeit von der Bahnlänge s der Form

$$\underline{M}_i(s) = \underline{a}_i(s-s_i)^3 + \underline{b}_i(s-s_i)^2 + \underline{c}_i(s-s_i) + \underline{d}_i \qquad (6.1)$$

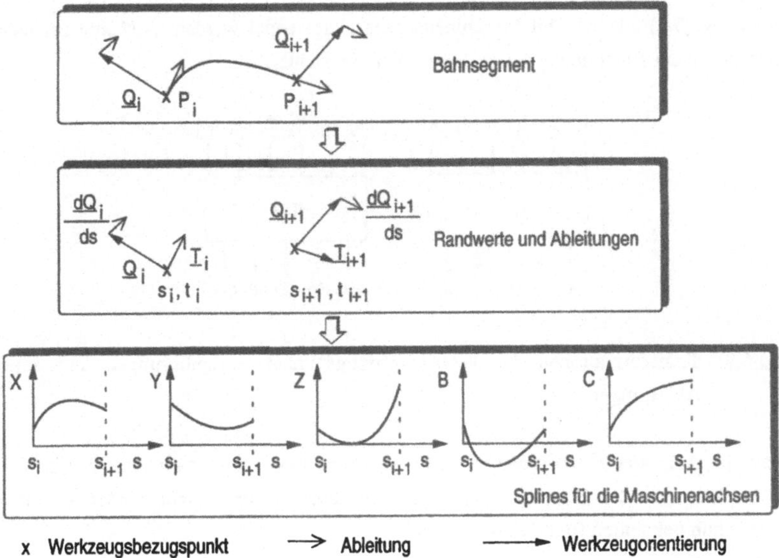

<u>Bild 6.8</u>: Berechnung der Splines für die Maschinenachsen zur Dynamiküberwachung

beschrieben, genauso wie die Bahn in (5.3) angesetzt wurde. Durch die Rückwärtstransformation T^{-1} werden die beiden Positionen $\underline{P}_i$, Q_i und $\underline{P}_{i+1}$, Q_{i+1} in die korrespondierenden Positionen der Maschinenachsen, z.B. X_i, Y_i, Z_i, B_i und C_i, transformiert (Bild 6.8 und <u>Bild 6.9</u>). Mit

$$ds = \sqrt{\left(\frac{dx(t)}{dt}\right)^2 + \left(\frac{dy(t)}{dt}\right)^2 + \left(\frac{dz(t)}{dt}\right)^2} \cdot dt, \tag{6.2}$$

dem sogenannten Differential der Bogenlänge /63/, lassen sich zunächst die Tangenten $\underline{T}_i(t)$ der Bahn $\underline{X}_i(t)$ bzw. die Ableitungen $\underline{dQ}_i(t)$ aus $Q_i(t)$ an den Stellen t_i und t_{i+1} in Abhängigkeit von der Bahnlänge s darstellen. Unter Zuhilfenahme der Transformationsgleichungen der Ableitungen dT^{-1} werden daraus die Ableitungen bezüglich der Maschinenachsen an den Stellen t_i bzw. s_i und t_{i+1} bzw. s_{i+1} berechnet (Bild 6.9).

Damit sind für alle fünf Maschinenachsen zwei Positionen sowie die zugehörigen Ableitungen bekannt, womit ein kubischer Spline nach Ferguson berechnet werden kann. Dafür kann die in Kapitel 5.2.1 für die Werkzeugposition und -orientierung hergeleitete

Gleichung (5.8) auf die fünf Maschinenachsen angewendet werden. Auf eine genauere Ausführung der Berechnung sei an dieser Stelle verzichtet.

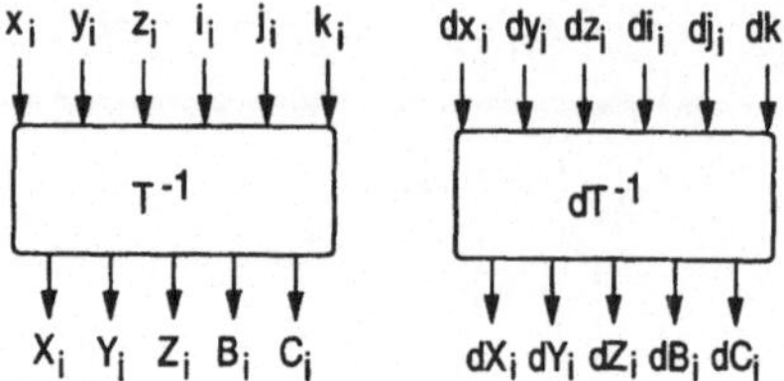

<u>Bild 6.9</u>: Transformationen der Werkzeugbezugspunkte, -orientierungen und deren Ableitungen

Unter der Annahme einer konstanten Bahngeschwindigkeit innerhalb eines Segments - das Verhalten an den Segmentübergängen muß gesondert untersucht werden - können aus den nun bekannten fünf Achssplines mit

$$s(t) = v_B \cdot t \tag{6.3}$$

die Achssplines in Abhängigkeit von der Zeit angegeben werden. In Gleichung (6.3) bedeutet v_B die Bahngeschwindigkeit und s(t) die innerhalb eines Segments zurückgelegte Bahnlänge in Abhängigkeit der Zeit t.

Die erste Ableitung eines Achssplines stellt die Geschwindigkeit, die zweite Ableitung die Beschleunigung der jeweiligen Achse dar. Die Tatsache, daß die Geschwindigkeit eine Parabel und die Beschleunigung eine Gerade ist, vereinfacht die sich anschließende Fallunterscheidung, mit der untersucht wird, ob die Geschwindigkeit oder die Beschleunigung in einer Achse überschritten wird. Bei Überschreitung wird über eine geeignete Reduzierung von v_B die Achsgeschwindigkeit bzw. -beschleunigung auf zulässige Werte vermindert.

6.4.2 Segmentübergreifende Vorschubanpassung

Die Segmente der Splinekurve, die ursprünglich alle dieselbe Geschwindigkeit - den programmierten Vorschub - hatten, weisen nun, abhängig von den Ergebnissen der oben beschriebenen Dynamiküberwachung der Maschinenachsen, unterschiedliche Vorschübe auf. Es entsteht somit eine Folge von Bewegungssätzen mit u.U. Unstetigkeiten des Vorschubs an den Nahtstellen. An diesen Stellen muß durch eine geeignete Reduzierung des Vorschubs sichergestellt werden, daß dessen Verlauf durch den nachfolgenden SLOPE-Algorithmus des Interpolators stetig angepaßt werden kann. Dieser Vorgang wird im folgenden als Profilierung bezeichnet. In <u>Bild 6.10</u>,a ist beispielhaft im Segment i der Vorschub reduziert worden.

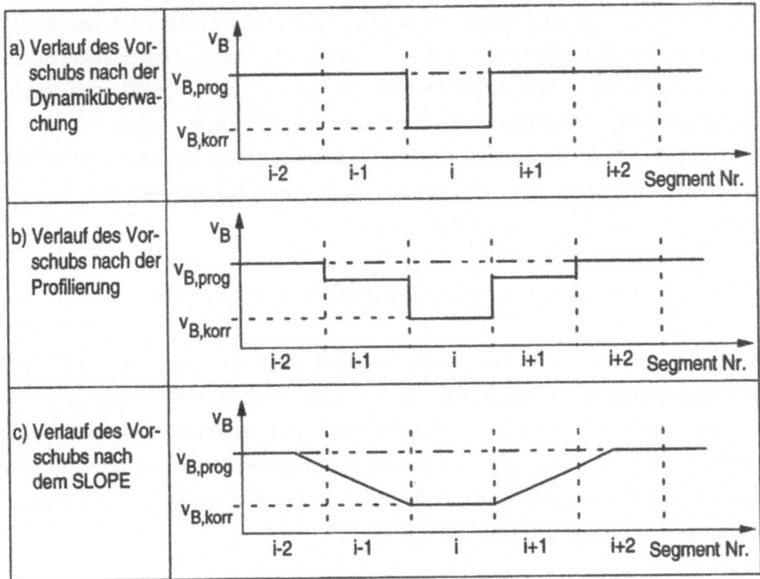

<u>Bild 6.10</u>: Profilierung des Vorschubs

Ausgehend von der maximal erreichbaren Verzögerung im vorangehenden Segment i-1 ist eine Übergangsgeschwindigkeit zu berechnen. Ist diese immer noch kleiner als der programmierte Vorschub, muß ein weiteres Segment vorher gebremst werden usw., bis die erforderliche Verzögerung erreicht ist. Dieser rekursive Vorgang wird auch bei Verfahrsätzen, die keine kinematische Transformation erfordern, angewandt und kann von dort übernommen werden /78/.

In Bild 6.10,b ist der durch die Profilierung veränderte Verlauf der Bahngeschwindigkeit v_B dargestellt. Die Verzögerung auf die korrigierte Geschwindigkeit $v_{B,korr}$ und die Beschleunigung auf die programmierte Geschwindigkeit $v_{B,prog}$ erfordern in dem dargestellten Beispiel jeweils zwei Segmente. Bild 6.10,c zeigt den vom SLOPE aufbereiteten stetigen Verlauf der Bahngeschwindigkeit v_B für die Segmente (i-2) bis (i+2).

Es sei angemerkt, daß, genauso wie bei der konventionellen Verarbeitung von maschinenachsbezogenen Verfahrsätzen, innerhalb eines Segments nicht aus dem Stillstand auf den programmierten Vorschub beschleunigt werden kann, wenn der Verfahrweg sehr kurz ist. Grundsätzlich darf immer nur soweit beschleunigt werden, daß innerhalb des noch zu fahrenden Restwegs angehalten werden kann. Deshalb müssen mehrere Segmente im voraus in den Restweg eingerechnet werden, um auch bei kurzen Verfahrsätzen auf den programmierten Vorschub beschleunigen zu können. Diese Vorgehensweise wird auch als **Look-Ahead** bezeichnet. Bei der Verarbeitung von kubischen Splinekurven kann aufgrund der verglichen mit Linearsätzen größeren Verfahrweglänge die Anzahl der zu betrachtenden Segmente reduziert werden.

6.4.3 Struktur der Bahnvorbereitung für Punkt-Vektor-Folgen

In Bild 6.11 ist die Struktur der Bahnvorbereitung für Bewegungen im Punkt-Vektor-System zusammenfassend dargestellt. Um die segmentübergreifende Profilierung des Vorschubs durchführen zu können, wird ständig eine gewisse Anzahl von Splinesegmenten in einem FIFO-Speicher /86/ bereitgestellt. Dadurch können die Segmente, die einem hinsichtlich des Vorschubs korrigierten Segment vorangehen, zur Herstellung eines kontinuierlichen Vorschubprofils herangezogen werden.

Für jedes Splinesegment werden zunächst die korrespondierenden fünf Achssplines gebildet. Anhand dieser Achssplines wird überprüft, ob die maximal zulässige Geschwindigkeit oder die maximal zulässige Beschleunigung eines Achsantriebs bei Interpolation mit dem programmierten Vorschub überschritten würde (Kapitel 6.4.1).

Bei Splinesegmenten mit einer großen Bahnlänge besteht die Gefahr, daß die Bewegungen in den Maschinenachsen durch die Achssplines nicht hinreichend erfaßt werden, da diese lediglich aus den zwei Randpunkten und deren Tangenten abgeleitet werden. Weiterhin würde bei Überschreiten einer dynamischen Kenngröße dadurch der Vorschub für das gesamte Splinesegment reduziert, obwohl evtl. nur entlang eines kurzen Abschnitts der Vorschub reduziert werden müßte.

Aus diesen Gründen müssen lange Verfahrsätze segmentiert werden, wie in Bild 6.11 links dargestellt. Das Kriterium für diese maximal zu betrachtende Satzlänge wird entweder aus den dynamischen Kenngrößen aller Maschinenachsen und dem Betrag der Orientierungsänderung abgeleitet oder aufgrund von Simulationen ermittelt.

Anschließend wird in einem FIFO eine Anzahl der bahnbezogenen Bewegungssegmente betrachtet und überprüft, ob die aus dem programmierten Vorschub resultierenden Achsgeschwindigkeiten und -beschleunigungen von den Antriebssystemen geleistet werden können. Falls dies nicht der Fall ist, wird der Bahnvorschub entsprechend reduziert. Die Speicherung in einem FIFO ist erforderlich, weil abhängig vom Grad der Reduzierung des Vorschubs in einem Segment auch der Vorschub einer Anzahl vorausgehender und nachfolgender Segmente angepaßt werden muß.

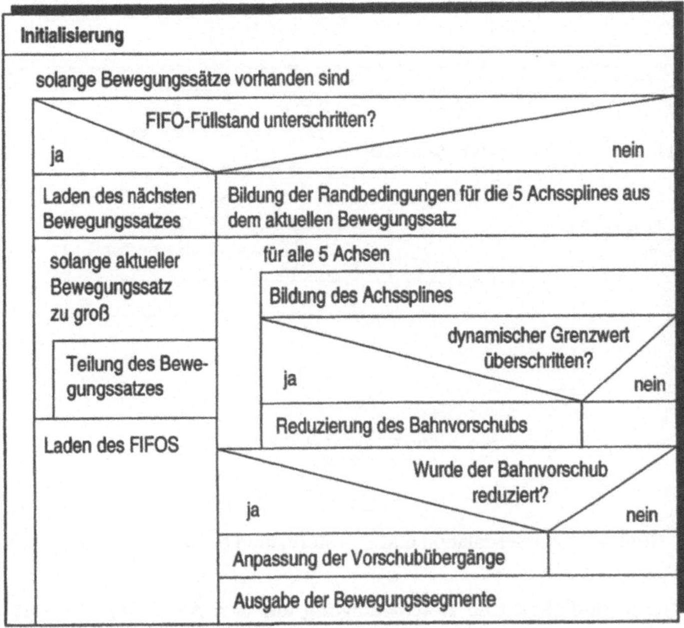

<u>Bild 6.11</u>: Vorgehensweise bei der Bahnvorbereitung für Punkt-Vektor-Bewegungen

6.5 Splineinterpolation

Die unter Echtzeitbedingungen in einem festen Zeittakt auszuführenden Funktionen der Module Splineinterpolation und Transformation berechnen aus den von der Bahnvorbereitung aufbereiteten Bewegungssätzen in jedem Zyklus Sollwerte für die fünf Maschinenachsen (Bild 6.12).

An der Eingabeschnittstelle werden über einen FIFO-Speicher, abgekoppelt von den Modulen, die nicht im Interpolationstakt laufen, u.a. die Koeffizienten der Splines und der zugehörigen inversen Bogenlängenfunktionen bereitgestellt.

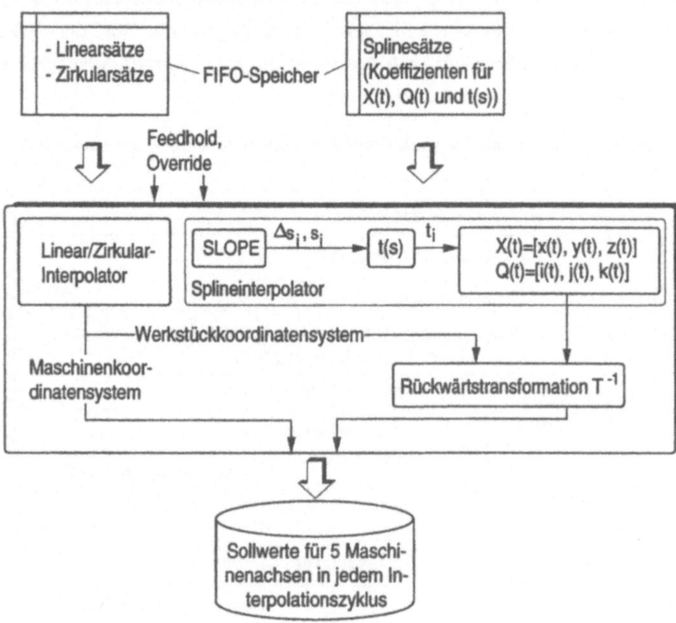

Bild 6.12: Struktur von Interpolation und Transformation bei der Splineinterpolation

6.5.1 Geschwindigkeit und Beschleunigung auf der Werkzeugbahn mit Werkzeugorientierung

Der Algorithmus des SLOPE stellt die Bahninkremente aufgrund des aktuellen Zustands des Interpolators (beschleunigen, mit konstanter Geschwindigkeit fahren, bremsen) bereit. Für Bewegungen im Maschinenkoordinatensystem arbeitet er mit konstanten Parametern für die Beschleunigung und Verzögerung, die direkt aus den in den Maschinendaten enthaltenen dynamischen Kenngrößen der Maschinenachsantriebe abgeleitet sind.

Das Problem bei Bewegungen im Punkt-Vektor-System besteht darin, daß die erreichbaren Beschleunigungen bzw. Verzögerungen auf der Bahn keine aus den dynamischen Eigenschaften der Maschinenachsantriebe berechenbaren Konstanten sind. Vielmehr handelt es sich dabei um Funktionen, die nur diskret über Differentiale der kinematischen Transformationsgleichungen zu ermitteln sind. Daraus folgt, daß die mögliche Beschleunigung oder Verzögerung in einem bestimmten Bahnsegment u.a. von der absoluten Position im Raum und von der Kinematik der Werkzeugmaschine abhängt.

Eine exakte Lösung erfordert deshalb, für jedes Bahnstück, auf welchem beschleunigt oder verzögert werden soll, den Verlauf der maximal möglichen Beschleunigung zu ermitteln (<u>Bild 6.13</u>,a).

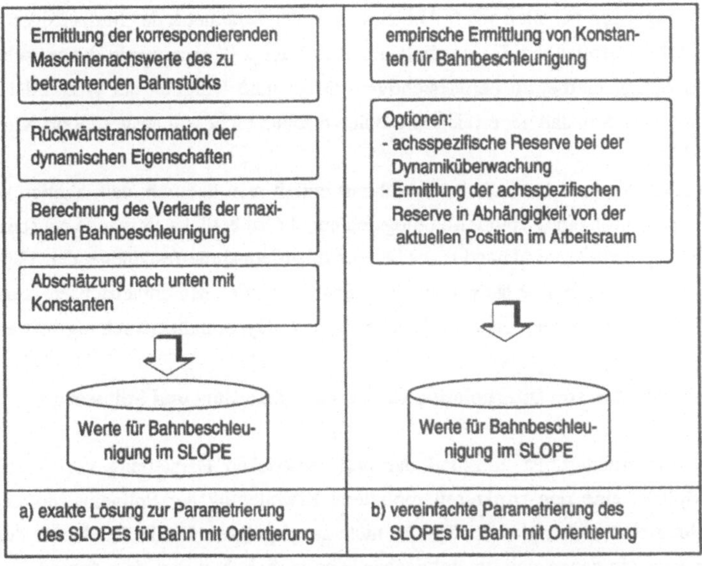

<u>Bild 6.13</u>: Parametrierung des SLOPE-Algorithmus für die Interpolation von Bahn und Orientierung

Dieser Verlauf muß anschließend nach unten mit einer Konstante abgeschätzt werden, um den SLOPE berechnen zu können. Untersuchungen im Rahmen der Arbeit haben gezeigt, daß wegen des enormen Rechenaufwandes und der bestehenden Echtzeitanforderungen ein derartiges Verfahren in NC derzeit nicht realisierbar ist.

Aus diesem Grund werden bislang die Konstanten für die Beschleunigung auf der Bahn empirisch ermittelt (Bild 6.13,b). Dabei ist ein Kompromiß aus erzielbarer Beschleunigung und der Gefahr von Bahnverletzungen durch Überschreitung von dynamischen Achskennwerten zu wählen. Der Vorteil dieses Verfahrens liegt in der einfachen Berechnung, der Nachteil besteht in dem Risiko von Bahnverletzungen, die durch Bahnbeschleunigungsvorgänge an den Segmentgrenzen verursacht werden können.

Eine spürbare Verringerung der Gefahr von Bahnverletzungen erreicht man, wenn bei der Reduzierung des Bahnvorschubs durch die Dynamiküberwachung (Kapitel 6.4.1) eine achsabhängige, jedoch konstante Reserve für die von der Profilierung herrührenden Beschleunigungen behalten wird. Abhängig von der Kinematik der fünffachsigen Werkzeugmaschine genügt es u.U., nur bestimmte Achsen, z.B. eine wenig dynamische rotatorische Achse, hierbei zu berücksichtigen. Dabei muß lediglich der Nachteil in Kauf genommen werden, daß der erreichbare Bahnvorschub nicht voll ausgeschöpft wird.

Eine weitere Verbesserung dieses Verfahrens erzielt man dadurch, daß, ähnlich wie bei der Kompensation eines Spindelsteigungsfehlers, die zu berücksichtigende achsbezogene Beschleunigungsreserve anhand einer bei der Inbetriebnahme festzulegenden Tabelle in einem groben Raster - abhängig von den Positionen der Maschinenachsen - ermittelt wird. Diese Werte werden dann zur Laufzeit von der Dynamiküberwachung verwendet.

6.5.2   Struktur von Interpolation für Linear-, Zirkular- und Splinesätze

Wie bereits erläutert, ist aufgrund der problematischen Darstellung von Kreisbögen durch Splines eine rein strukturell motivierte Erweiterung der Splineinterpolation auf alle Bahnarten mittels rationaler Splines nicht zu empfehlen. Die in /26/ hierzu durchgeführten Arbeiten haben sich im praktischen Einsatz nicht bewährt, da aufgrund der erforderlichen quadrantenspezifischen Umwandlung von Kreisbögen in ein rationales Splineformat die strukturellen Vorteile, die man durch einen einheitlichen Interpolationsalgorithmus erreicht, kompensiert werden.

Es sei angemerkt, daß Werkzeugbewegungen sowohl im Werkstückkoordinatensystem als auch im Maschinenkoordinatensystem definiert sein können. Beispielsweise können für Anfahrsätze, Rückzugsbewegungen oder Fahrten zum Werkzeugwechsler Verfahrsätze im Maschinenkoordinatensystem definiert werden. Die Verarbeitung dieser Sätze erfolgt bei beiden Koordinatensystemen im Linear-Zirkular-Interpolator (Bild 6.12, links). Bei Bewegungen im Maschinenkoordinatensystem wird die Rückwärtstransformation übergangen.

6.6   Transformation

Wegen der Verarbeitung von Bewegungssätzen sowohl im Maschinenkoordinatensystem als auch im Werkstückkoordinatensystem ergibt sich an den Übergängen zwangsläufig die Notwendigkeit der Umrechnung vom einen in das andere Koordinatensystem und umgekehrt. Eine genauere Analyse zeigt, daß die kinematische Vorwärts- und Rückwärtstransformation an vielen Stellen der NC benötigt wird. Als Beispiele seien die Module Decoder, Bahnvorbereitung und Interpolator genannt. Weiterhin werden, wie in Kapitel 6.4.1 erörtert wurde, im Rahmen der Bahnvorbereitung auch die Algorithmen zur Transformation der Ableitungen vom Werkstückkoordinatensystem in das Maschinenkoordinatensystem benötigt.

6.6.1   Algorithmen der Transformation

Die Algorithmen zur Vorwärts- und Rückwärtstransformation sowie die zur Transformation der Ableitungen werden daher in Form von Dienstfunktionen innerhalb eines modularen Steuerungssystems realisiert. Die Rückwärtstransformation wird dabei aufgrund der hohen Echtzeitanforderungen im Interpolator auf minimalen Rechenzeitbedarf hin optimiert.

Bei der drei-plus-zweiachsigen Bearbeitung, bei der mit einer beliebigen Werkzeugorientierung gearbeitet wird, die während der Bearbeitung konstant bleibt, vereinfachen sich die Transformationsalgorithmen, weil die Positionen der rotatorischen Achsen konstant sind. Aufgrund der fehlenden Nichtlinearitäten können konventionelle Algorithmen zur Bahnvorbereitung eingesetzt werden /78/. Dadurch kann bei dieser Betriebsart bei ansonsten gleichen Randbedingungen ein höherer Vorschub erreicht werden.

6.6.2 Parametrierung

Da die Steuerung in der Lage sein muß, die erforderlichen Transformationen für die jeweils vorliegende Anordnung der Maschinenachsen durchzuführen, müssen die Informationen über die Anordnung der Maschinenachsen dem Modul Transformation bekannt gemacht werden. Wünschenswert ist eine allgemeine Beschreibung der Maschinenkinematik, die während des Initialisierungsvorgangs der Steuerung interpretiert wird. Neben den Gleichungen für die Vorwärts- und Rückwärtstransformation müssen für die Bahnvorbereitung die Gleichungen für die Rückwärtstransformation der Ableitungen bereitgestellt werden. Ebenfalls sind Strategien zur Auswahl einer Lösung bei bestehenden Mehrdeutigkeiten erforderlich. Da allgemeine Lösungen für die Rückwärtstransformation die bestehenden Echtzeitanforderungen bislang nicht erfüllen und solche für die Rückwärtstransformation der Ableitungen nicht bekannt sind, wird von einer allgemeinen Lösung abgesehen. Vielmehr werden, wie in <u>Bild 6.14</u> dargestellt, in einer sogenannten Kinematikbibliothek Sätze von Algorithmen abgelegt, mit denen gebräuchliche Bauformen von fünfachsigen Werkzeugmaschinen erfaßt werden.

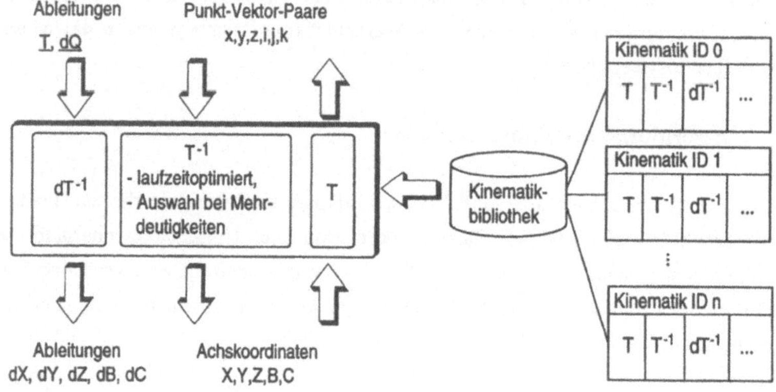

<u>Bild 6.14</u>: Struktur und Datenversorgung des Moduls Transformation

Zur Auswahl einer Lösung bei Mehrdeutigkeiten innerhalb der Algorithmen der Rückwärtstransformation wird in der Kinematikbibliothek eine Strategie wie "minimaler Weg der Drehachsen" oder "kürzeste Bahn" konfiguriert. Um zu verhindern, daß während der Interpolation einer Bahn plötzlich eine andere Lösung ausgewählt wird, werden die

Transformationsergebnisse des vorhergehenden Zyklus in der Transformation zwischengespeichert.

Das Problem der singulären Stellen wird mit der Regel nach de l'Hospital /63/ entsprechend den Lösungen nach /26/ sowie bekannten Verfahren aus der Robotertechnik behandelt.

Der Anwender hat durch die Bereitstellung einer Integrationsmöglichkeit für die Erweiterung der Kinematikbibliothek auf der Laufzeitebene des Steuerungssystems die Möglichkeit, Gleichungen von speziellen Maschinenkonstruktionen in die Bibliothek einzubringen.

6.7 Stufenkonzept zur Integration der Splineverarbeitung von Punkt-Vektor-Folgen

Eine Veränderung der NC-Steuerinformation erfordert Korrekturen sowohl auf der Seite, die die Information erzeugt, als auch dort, wo die Information verwertet wird. Die Vorgehensweise bei der NC-Programmierung und an der Steuerung müssen somit koordiniert werden. Für die Durchführung werden die in Tabelle 6.1 dargestellten Realisierungsstufen vorgeschlagen. Diese Vorgehensweise bietet den Vorteil einer aufwärtskompatiblen, modularen Umsetzung, die auf die Bedürfnisse des Anwenders zugeschnitten werden kann.

6.7.1 Punkt-Vektor-Steuerung

Im ersten Schritt 1a erfolgt die Portierung des Postprocessors auf die Steuerung. Vor Ausführung des NC-Programms muß dann dort ein Postprocessorlauf durchgeführt werden. Dieser erzeugt ein Zwischenformat gemäß DIN 66025 für die vorliegende Steuerung. In dieser und auch allen folgenden Konstellationen können weiterhin NC-Programme nach DIN 60025 übertragen und bearbeitet werden, wenn die neu zu interpretierenden Sprachelemente als Erweiterungen des bestehenden Decoders realisiert werden. Weiterhin müssen die Module der Transformation und die für Bewegungen im Punkt-Vektor-System erforderlichen Erweiterungen in der Bahnvorbereitung der NC implementiert werden.

In einem in Tabelle 6.1 als Stufe 1b bezeichneten Zwischenschritt sind vom Postprocessor eventuell ausgelöste Dialoge zu beseitigen und z.B. durch voreingestellte Parameter oder Abfragen vor Beginn der Bearbeitung zu ersetzen. Die Struktur muß derart umgestaltet werden, daß hinsichtlich Bedienung und Antwortzeit ein On-line-Betrieb möglich wird. Danach kann die von der Arbeitsvorbereitung gelieferte NC-Steuerinformation on line auf der NC interpretiert und ausgeführt werden.

Stufe	NC-Programmierung	NC
1a	• Weglassen des Postprocessorlaufes	• Postprocessor in die Steuerung integrieren, Off-line-Betrieb, DIN 66025 als Zwischenformat • Integration der Erweiterungen der Bahnvorbereitung • Integration der Transformationsmodule
1b		• Postprocessor für On-line-Betrieb umstrukturieren
2	• Erzeugung der Fräsbahn in Form von Splines für Werkzeugposition und Werkzeugorientierung	• Integration der Splineinterpolation als Erweiterung des vorhandenen Interpolators
3	• Erzeugung der Fräsbahn als Folge von Stützpunkten; Berücksichtigung der steuerungsinternen Splineinterpolation durch entsprechende Wahl der Stützpunktabstände • Entwicklung einer Syntax zur Auswahl eines von evtl. verschiedenen Arten von Splines • Bereitstellung der Zusatzinformationen "Flächennormalenvektor" und "Bahntangentenvektor"	• Implementierung der Splinegenerierung • Implementierung der räumlichen Werkzeuggeometriekompensation

Tabelle 6.1: Koordinierung der Vorgehensweise in der Arbeitsvorbereitung und innerhalb der NC

6.7.2 Splinegenerierung in der Arbeitsvorbereitung, Splineinterpolation in der Steuerung

Im Rahmen der Stufe 2 wird die Splineverarbeitung implementiert. Dies kann erfolgen, indem die Fräsbahn von der Arbeitsvorbereitung als fertig berechneter Spline in Form von Koeffizientenlisten geliefert wird. Die Splines werden dabei in der NC-Programmierung berechnet.

Diese Strukturvariante entlastet die NC hinsichtlich Rechenzeit, da Splines lediglich interpoliert, aber nicht berechnet werden müssen. Weiterhin muß die Art des eingesetzten Splines, abgesehen vom Grad, nicht mit der NC abgestimmt werden, sondern erfolgt unabhängig von der Steuerung in der NC-Programmierung. Es muß jedoch in Kauf genommen werden, daß eine Veränderung der Werkzeugschneidengeometrie in der NC nicht möglich ist. Abhängig vom Anwender kann diese Lösungsvariante die günstigere sein. Diese Stufe kann eventuell auch übersprungen werden.

6.7.3 Splinegenerierung, -interpolation und Werkzeuggeometriekompensation in der Steuerung

In der Stufe 3 schließlich erfolgt auch die Generierung der Splines in der NC auf Basis der von der Arbeitsvorbereitung vorgegebenen Stützpunkten für Werkzeugposition und Werkzeugorientierung. Die Algorithmen zur Splineinterpolation können aus Schritt 2 von der Arbeitsvorbereitung im wesentlichen übernommen werden. Durch entsprechende Berücksichtigung in der NC-Programmierung können die Stützpunktabstände vergrößert werden. Eine Beeinflussung der Werkzeuggeometrie wird durch die Integration der neuen BF (beauftragbare Funktion) Werkzeuggeometriekompensation in der NC und durch die Bereitstellung der erforderlichen Informationen über Flächennormalenvektor und Bahntangentenvektor durch die Arbeitsvorbereitung ermöglicht.

7   Realisierung mit einem modularen, konfigurierbaren Steuerungssystem

Die in den vorangegangenen Kapiteln erarbeiteten Funktionsmodule wurden im Rahmen des am ISW vorhandenen modularen, konfigurierbaren Steuerungssystems realisiert /44, 45, 46/. Dabei wurden, ausgehend von einer Struktur nach Bild 7.1, schrittweise die neuen Funktionalitäten integriert.

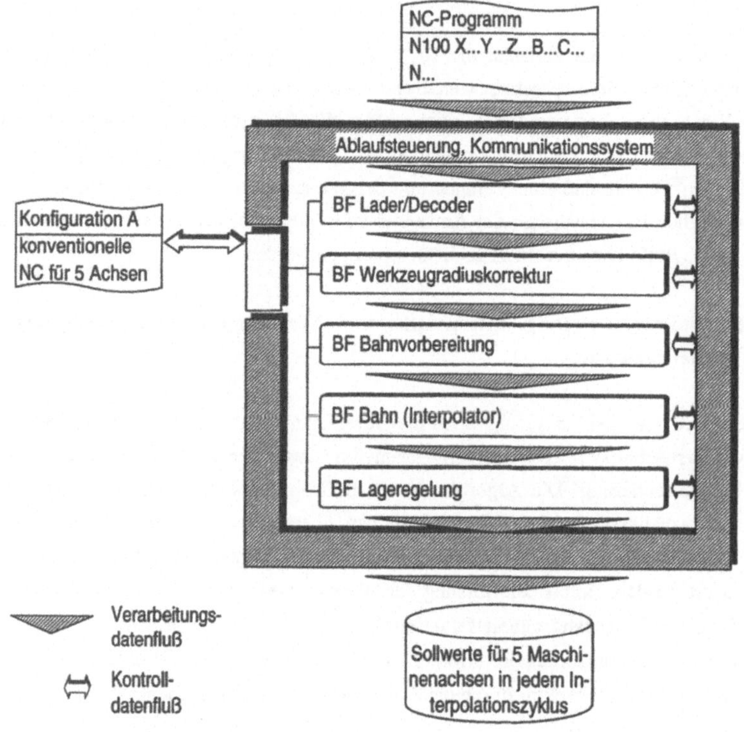

Bild 7.1: Modulares, konfigurierbares Steuerungssystem als Basis für die Realisierung

7.1   Steuerung für Linearbewegungen im Werkstückkoordinatensystem

Ausgehend von der Struktur nach Bild 7.1 wurde zunächst die Vorgabe von Werkzeugbewegungen im Werkstückkoordintensystem ermöglicht. Eine Integration der Module mit der neuen Funktionalität in die Konfigurierungslisten war hierfür nicht ausreichend.

Vielmehr wurden zunächst alle Datenstrukturen innerhalb des Steuerungssystems, die Bewegungsinformationen beinhalten, um Datenelemente für die Darstellung im Punkt-Vektor-System erweitert. Ebenso wurden in zahlreichen Einzelfunktionen Schnittstellen geschaffen, um zwischen den beiden Koordinatensystemen durch Aufruf der Funktionen der Transformation unzurechnen. Daran anschließend wurden die Funktionsmodule **Transformation** in die BF Bahn integriert und eine **erweiterte Bahnvorbereitung** in das bestehende Modul Bahnvorbereitung aufgenommen (<u>Bild 7.2</u>)

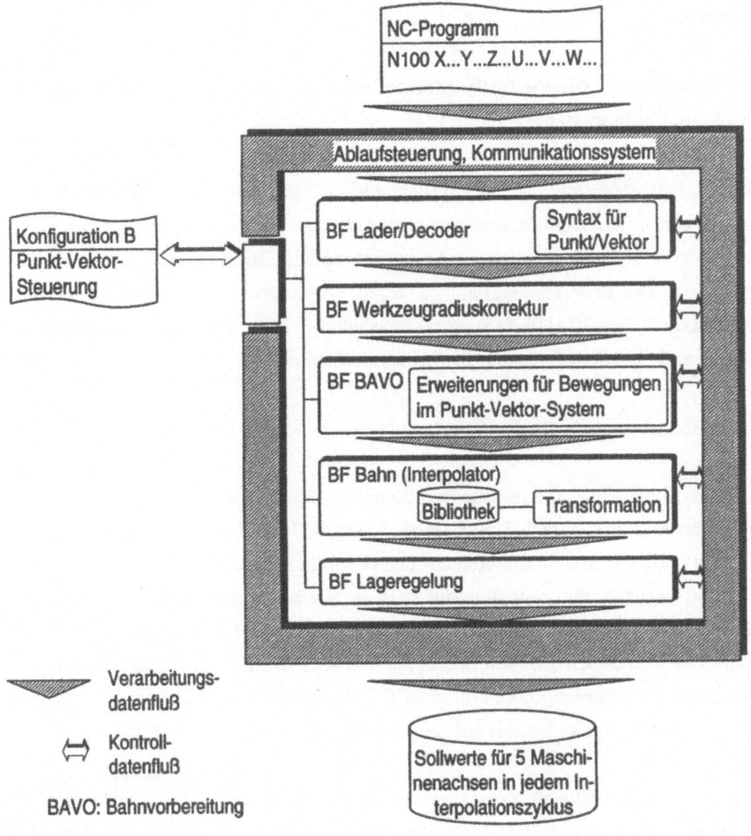

<u>Bild 7.2</u>: Erweiterung des Steuerungssystems für die werkstückbezogene Fräsbahnvor-
gabe

Die BF Decoder wurde dahingehend erweitert, daß durch neue Adreßbuchstaben das Punkt-Vektor-Koordinatensystem angesprochen werden kann. Innerhalb der Kinematik-bibliothek der Transformation befinden sich pro Achskinematik ein für die Ausführung im Interpolationstakt optimierter Algorithmus für die Rückwärtstransformation der Werkzeugposition und -orientierung sowie Einzelfunktionen für die Rückwärts-transformation von deren Ableitungen und für die Vorwärtstransformation von Maschi-nenachspositionen. Alle Einzelfunktionen können auch aus anderen Funktionsmodulen heraus aufgerufen werden. Beispiele hierfür sind die Funktionsmodule Bahnvorbereitung und Decoder.

7.2 Steuerung für die Splineinterpolation von Stützpunkten im Werkstückko-ordinatensystem

In Bild 7.3 ist dargestellt, wie die Splineverarbeitung in das Steuerungssystem integriert wurde. Über die Konfigurierungsliste wird eine neue **BF Splinegenerierung** eingebun-den, während die Funktionalität der Splineinterpolation in die bestehende BF Bahn inte-griert wurde. Die BF Werkzeugradiuskorrektur wurde erweitert, um die räumliche Werk-zeuggeometrie bei der fünfachsigen Bearbeitung berücksichtigen zu können, falls entsprechende Zusatzinformationen vorliegen (Kapitel 4.2).

7.3 Gerätetechnische Realisierung

Alle Funktionsmodule, die im Interpolationstakt ablaufen, wurden auf einem VME-Bus-System unter dem Echtzeit-UNIX-Betriebssystem VxWorks /87/ implementiert (Bild 7.4). Alle anderen Module konnten auf einem zweiten Rechnersystem mit dem Betriebs-system SCO-UNIX /88/ ablaufen, auf dem auch ein Bediensystem auf Basis von X11 und Motif /89/ realisiert wurde. Beide Rechnersysteme sind on line über TCP/IP Sockets miteinander verbunden. Die Umrichter für die fünf Maschinenachsen werden von dem Echtzeitteil der Steuerung über ein SERCOS Interface /90/ mit Lagesollwerten versorgt. Die Lageregelung findet jeweils auf den Umrichtern statt.

Bild 7.5 zeigt den Einsatz des Steuerungssystems nach Bild 7.4 an der fünfachsigen ISW-Modellmaschine beim Fräsen eines im Maßstab 1:5 verkleinerten Karosserieau-ßenhautteils. Die dreiachsige Schruppbearbeitung wurde auf konventionelle Weise durchgeführt.

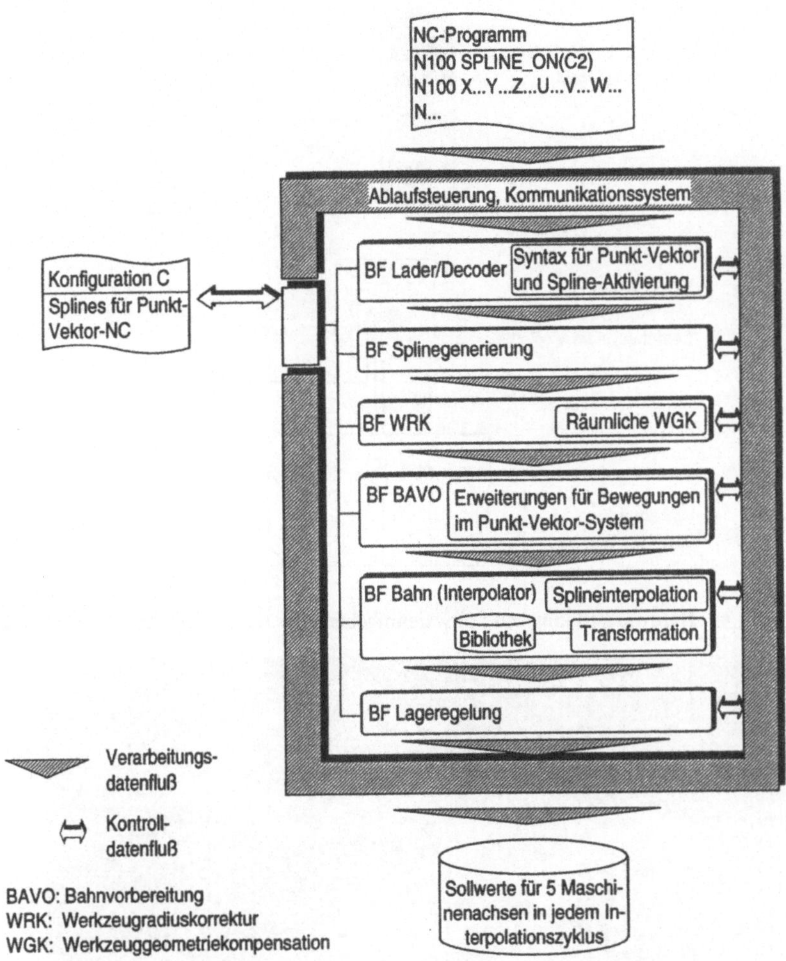

Bild 7.3: Erweiterung des Steuerungssystems für die Splineverarbeitung werkstückbezogener Fräsbahnvorgaben

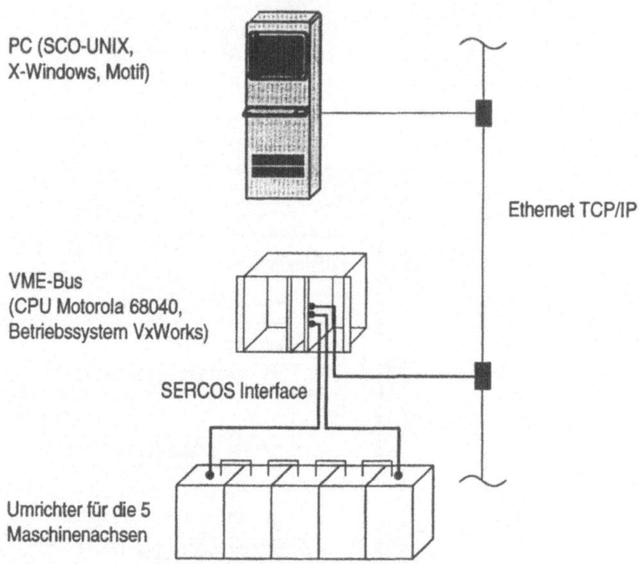

Bild 7.4: Hardwarestruktur und Softwareumgebung des realisierten Steuerungssystems

Bild 7.5: Betrieb einer fünfachsigen Modellfräsmaschine mit der neuen Steuerung

7.4 Ergebnisse der Realisierung

Die Realisierung auf Basis des modularen, konfigurierbaren Steuerungssystems ermöglichte eine schnelle Integration der neuen Funktionsmodule. Weiterhin bietet sich dadurch die Möglichkeit, je nach Anforderung nur diejenigen Funktionalitäten zu integrieren, die vom Anwender benötigt werden. Ist beispielsweise nur die Verarbeitung von CLDATA gefordert, können die Funktionsmodule zur Splineverarbeitung weggelassen werden. Ebenfalls kann, sofern die Beeinflussung der Werkzeuggeometrie an der NC nicht gefordert ist, die Berechnung der Splines in ein vorgelagertes Rechnersystem innerhalb der Arbeitsvorbereitung verlagert werden. Eine geeignete Erweiterung des Decoders ermöglicht dann die direkte Einspeisung der vorab berechneten Splinekurven. In diesem Fall ist nur die Funktionalität der Splineinterpolation in das System mit aufzunehmen.

Das Verarbeiten von Bewegungsinformationen im Werkstückkoordinatensystem zusätzlich zu Bewegungen im Maschinenkoordinatensystem erforderte eine grundsätzliche Erweiterung des Steuerungssystems. Außer der vorliegenden Anwendung kann diese Erweiterung auch als Basis für die Implementierung von beliebigen, vom Benutzer definierbaren Koordinatensystemen dienen. Beispiele hierfür sind die ebene Programmierung auf schrägen Ebenen oder die implizite Definition eines Koordinatensystems aufgrund der aktuellen Werkzeugposition.

8   Zusammenfassung

Die fünfachsige Fräsbearbeitung von Werkstücken mit Freiformflächen ist bisher dadurch gekennzeichnet, daß nur wenige CAM-Systeme NC-Steuerinformation für dieses Fertigungsverfahren überhaupt erzeugen können. Die Gründe dafür liegen u.a. in der problematischen CAD-Datenübernahme, der Vielzahl der Freiheitsgrade und der aufwendigen kollisionsfreien Werkzeugführung. In einem sich anschließenden Postprocessorlauf wird die NC-Steuerinformation in das Maschinenkoordinatensystem rücktransformiert und besteht dadurch aus einer sehr großen Anzahl (Größenordnung: mehrere Megabytes) von Linearsätzen. Diese große Datenmenge verursacht Probleme bei der Verarbeitung innerhalb der Steuerung. Weiterhin führt die Beschreibung der Fräsbahnen in Maschinenkoordinaten dazu, daß an der Maschine keinerlei Änderungen der Werkzeuggeometrie oder der Aufspannlage mehr durchgeführt werden können. Der Maschinenbediener kann folglich sein Erfahrungswissen kaum in den Fertigungsprozeß einbringen.

Basis einer Einflußnahme auf den Fertigungsprozeß an der Steuerung ist die Vorgabe von Fräsbahnen im Werkstückkoordinatensystem, das bei der fünfachsigen Fräsbearbeitung aus der Position und der Orientierung des Werkzeugs besteht. Die Verarbeitung dieser maschinenunabhängigen Fräsbahnvorgabe wird durch eine geeignete Strukturierung der neuen Funktionen in der numerischen Steuerung bewerkstelligt.

Durch die Beschreibung der Fräsbahnen in Form von Splines kann die Datenmenge reduziert, die Genauigkeit gesteigert und die Verarbeitungsgeschwindigkeit in der NC erhöht werden. Dabei werden die Splines auf der Ebene der Werkstückkoordinaten erzeugt und interpoliert. Im Rahmen der NC-Programmierung wird die Splineverarbeitung in der Steuerung durch eine geeignete Vergrößerung des Stützpunktabstands der Werkzeugbewegungen berücksichtigt.

Von entscheidender Bedeutung ist die Wahl eines geeigneten Verfahrens zur Berechnung der Splines. Eingehende Untersuchungen ergaben, daß für die Freiformflächenbearbeitung in numerischen Steuerungen am besten krümmungsstetige kubische Splinekurven, also stückweise stetige Splines, an deren Nahtstellen krümmungsstetige Anschlußbedingungen bestehen, eingesetzt werden. Besonderes Augenmerk muß dabei auf eine günstige Parametrisierung gelegt werden, da sie direkt die Kurvenform beeinflußt. In jedem Fall muß das zum Einsatz kommende Splineverfahren zwischen NC-Programmierung und numerischer Steuerung abgestimmt werden.

Kubische Splines für Werkzeugposition und Werkzeugorientierung werden im Werkstückkoordinatensystem direkt interpoliert. Das Problem der Berücksichtigung der dynamischen Eigenschaften der Maschinenachsen wird durch eine Reduzierung des Vorschubs im Rahmen einer erweiterten Bahnvorbereitung durchgeführt. Hierbei werden die Bewegungen in den Maschinenachsen vorausberechnet und auf Überschreitung von Grenzwerten untersucht. Die kinematische Rücktransformation von Position und Orientierung des Werkzeugs sowie deren Ableitungen werden in Form von Dienstfunktionen für gebräuchliche Achskonfigurationen von einer Kinematikbibliothek bereitgestellt.

Die beispielhafte Realisierung auf Basis eines modularen, konfigurierbaren Steuerungssystems zeigt die Anwendbarkeit der erörterten Algorithmen und Strukturen. Durch die erreichten Verbesserungen hinsichtlich des Datenflusses, der Verarbeitung von fünfachsigen Werkzeugbewegungen in Form von Splines und den an der Steuerung verfügbaren Funktionen erhöht sich die Wirtschaftlichkeit des fünfachsigen Fräsens.

Schrifttum

/1/ Brunotte, D.: Fünf-Achsen-Fräsen im Modell- und Werkzeugbau.
Werkstatt und Betrieb 125 (1992) 1, S. 15...18.

/2/ Hock, S.,
Janovsky, D.: Freiformflächen im Werkzeug- und Formenbau bearbeiten.
Werkstatt und Betrieb 125 (1992), 8, S. 597...606.

/3/ Spur, G.,
Potthast, A.,
Wojcik, L.: Verkürzung der Fertigungszeiten bei der fünfachsigen Fräsbearbeitung.
ZwF 86 (1991) 6, S. 273-277.

/4/ Pritschow, G.: Manuskript zur Vorlesung "Steuerungstechnik der Werkzeugmaschinen und Industrieroboter", Sommersemester 1995.

/5/ Eversheim, W.,
Pollack, A.: NC-Programmierung für die 5-Achsen-Bearbeitung.
WT Produktion und Management 84 (1994) 3, S. 159-162.

/6/ DIN 66025 Programmaufbau für numerisch gesteuerte Arbeitsmaschinen.
Teil 1 und 2.
Berlin, Köln: Beuth-Vertrieb, 1983.

/7/ Potthast, A.,
Oder, B.: Spline-Interpolation für die fünfachsige Fräsbearbeitung.
ZwF 85 (1990) 3, S. 421...426.

/8/ Yeung, M. K.,
Walton, D.: Curve Fitting with Arc Splines for NC Toolpath Generation.
Computer Aided Design 26 (1994) S. 845...849.

/9/ Neher, R.,
Boxler, J.: Hochgeschwindigkeitsfräsen von Graphitelektroden auf der KUHLMANN PROKLAMAT 25E.
In: Rechneranwendungen in der Umformtechnik.
Oberursel: DGM Informationsgesellschaft, S. 99...112, 1992.

/10/ Kochan, D.:

Werkstattgerechte Nutzerunterstützung bei der Freiformflächenbearbeitung.
VDI-Fortschrittberichte Nr. 285, Düsseldorf: VDI-Verlag,
1993.

/11/ DIN 66215

Programmierung numerisch gesteuerter Arbeitsmaschinen:
CLDATA. Teil 1: Allgemeiner Aufbau und Satztypen, Teil
2: Nebenteile des Satztyps 2000.
Berlin, Köln: Beuth-Vertrieb, 1974, 1982.

/12/ Anderl, R.:

CAD-Schnittstellen. Methoden und Werkzeuge zur CA-
Integration.
München, Wien: Carl Hanser Verlag, 1993.

/13/ Storr, A.,
Hofmeister, W.,
Zirbs, J.:

Stand der Technik im Bereich CAD/CAM-Kopplung.
In: Tagungsband zum Fertigungstechnischen Kolloquium
FTK '88, Stuttgart, S. 45...52.
Berlin [u.a.]: Springer-Verlag, 1988.

/14/ Eversheim, W.,
Dahl, B.,
Marczinski, G.,
Holland, M.:

CAD-Systeme und NC-Programmiersysteme koppeln.
ZwF 85 (1990) 5, S. 267...271.

/15/ Minges, R.:

Verbesserung der Genauigkeit beim fünfachsigen Fräsen
von Freiformflächen.
Dissertation Univerität Karlsruhe, 1993.

/16/

VDA-Flächenschnittstelle (VDAFS), Version 2.0.
Verband der Automobilindustrie e.V. (VDA), Frankfurt,
1986.

/17/ Minges, R.:

Kritische Punkte beim Datenaustausch über VDA FS. In:
Tagungsunterlagen zum FIDIA-Anwendertreffen
"Entwicklung in der 5-Achsen-Frästechnologie und
Vorstellung des Esprit-Projekts #5471 FAME" am
29.6.1993. Frankfurt a. M.: FIDIA GmbH, 1993.

/18/ Spur, G.,
      Krause, L.-F.:

CAD-Technik. Lehr- und Arbeitsbuch für die Rechnerunterstützung in Konstruktion und Arbeitsplanung.
München, Wien: Carl Hanser Verlag, 1984.

/19/ Rall, P.:

Schwierige Formen - Rationelles Fertigen komplizierter
Teile mit Hilfe verschiedener CNC-Fräsmaschinen.
Maschinenmarkt 97 (1991) 43, S. 40...45.

/20/ Tönshoff, H. K.,
      Gehring, V.,
      Becker, M.:

Fertigungsstrategien bei der Freiformflächenbearbeitung -
Stand der Technik und wirtschaftliche Bewertung.
In: Tagungsband zum Kolloquium "Konstruktion und
Fertigung von Freiformflächen" in Karlsruhe am 27./28.
Februar 1991. Karlsruhe: Lehrstuhl und Institut für
Werkzeugmaschinen und Betriebstechnik (WBK), 1991.

/21/ Göhringer, K.-H.:

Von VDAFS-Daten zum NC-Fräsprogramm. In:
Tagungsunterlagen zum FIDIA-Anwendertreffen
"Entwicklung in der 5-Achsen-Frästechnologie und
Vorstellung des Esprit-Projekts #5471 FAME" am
29.6.1993. Frankfurt a. M.: FIDIA GmbH, 1993.

/22/ DIN 66246

Programmierung numerisch gesteuerter Arbeitsmaschinen:
Prozessor-Eingabesprache.
Teil 1: Grundlagen und mögliche Geometriedefinitions-
und Ausführungsanweisungen.
Berlin, Köln: Beuth-Vertrieb, 1983.

/23/ Fichtner, D.,
      Zehe, K.-H.;

Interpolationsprobleme bei der fünffunktionalachsigen NC-
Bearbeitung.
Wissenschaftliche Zeitung der Universität Dresden
34 (1985) 5/6, S. 231...236

/24/ Keppeler, M.:

Führungsgrößenerzeugung für Handhabungssysteme zur
Reduzierung des kinematischen Fehlers.
HGF-Kurzberichte (Loseblattsammlung) Blatt 80/6.
Essen: Girardet Verlag, 1980.

/25/ WITEC (Workshop Information Technology in Mould-
and Die-Manufacturing).
Projektantrag Nr. 20423 für das Programm ESPRIT IV.
Schwäbisch-Gmünd: Fa. Grau Werkzeugbau/Formenbau
GmbH & Co, 1995.

/26/ Lei, W.-T.: Flächenorientierte Steuerdatenaufbereitung für das fünfachsige Fräsen. ISW 88.
Berlin [u.a.]: Springer Verlag, 1992.

/27/ Viefhaus, R.: Fräsergeometriekorrektur in numerischen Steuerungen für
das fünfachsige Fräsen. ISW 79.
Berlin [u.a.]: Springer Verlag, 1989.

/28/ Zirbs, J.: Fertigungsgerechte Aufbereitung von Flächenverbänden
bei der NC-Programmierung im Formenbau. ISW 80.
Berlin [u.a.]: Springer Verlag, 1989.

/29/ Ein CAM-System für formgenaues Blech.
CAD-CAM-Report 12 (1993) 3, S. 68...72.

/30/ Schmidt, J. W., Bearbeitung von Freiformflächen.
Klein, H., Bös, K., VDI-Z 133 (1991) 1, S. 47...57.
Minges, R.,
Schauer, U.,
Timmermann, S.:

/31/ Dubbel, H.: Taschenbuch für den Maschinenbau, 18. Auflage.
Berlin [u.a.]: Springer-Verlag, 1995.

/32/ Kaufeld, M. u. a.: Rationalisieren durch Hochgeschwindigkeitsbearbeitung:
ein Weg zur Fabrik 2000 ?
Renningen-Malmsheim: Expert-Verlag, 1994.

/33/ Pritschow, G., Verfahrenskette für NC-Programmierung und Steuerung
Storr, A., bei der Hochgeschwindigkeitsbearbeitung.
Itterheim, C., WT Produktion und Management 85 (1995) 4, S.
Krauß, F.: 151...154.

/34/   Wurst, K.-H.,   Neue Maschinenkonzepte für die Hochgeschwindigkeits-
       Wagner, R.:   bearbeitung.
                          WT Produktion und Management 85 (1995) 4, S.
                          167...172.

/35/   Pritschow, G.,   Direktantriebe für Werkzeugmaschinen zur
       Fahrbach, C.:   Hochgeschwindigkeitsbearbeitung.
                          WT Produktion und Management 85 (1995) 4, S.
                          162...166.

/36/   Berndt, I.,   Nutzerunterstützung und Erfahrungswissen für die
       Fichtner, D.,   Prozeßketten der 5achsigen Bearbeitung.
       Kochan, D.:   Fertigungstechnik und Betrieb, Berlin 42 (1992) 5, S.
                          205...208.

/37/   König, W.,   Technologie für die 5-Achsbearbeitung.
       Zander: In: Tagungsband zum Kolloquium "Konstruktion und
                          Fertigung von Freiformflächen" in Karlsruhe am 27./28.
                          Februar 1991. Karlsruhe: Lehrstuhl und Institut für
                          Werkzeugmaschinen und Betriebstechnik (WBK), 1991.

/38/   Ioannides, M.,   Vom Modell zum Fertigteil.
       Krauß, F.,   VDI-Z 136 (1994) 5, S. 66-71.
       Itterheim, C.:

/39/   Bremer, C.,   Freiform-Werkstücke digitalisieren.
       Drewing, R.:   ZwF 85 (1990) 7, S. 373...376.

/40/   Prospekt der Steuerungen FIDIA CNC/10/20/30.
                          San Mauro Torinese (Italien): FIDIA S.p.A., 1993.

/41/   HIMILL.
                          Firmenprospekt FIDIA KMR Genf (Schweiz), 1994.

/42/   SINUMERIK 840D Programmieranleitung Teil 2:
                          Technologie (Softwarestand 1 Ausgabe 8/94).
                          Erlangen: Siemens AG Bereich Automatisierungstechnik,
                          1994.

/43/ Osofisan, P.B.: Verbesserung des Datenflusses beim fünfachsigen Fräsen.
ISW28.
Berlin, Heidelberg, New York: Springer Verlag 1979.

/44/ Pritschow, G.,
Daniel, C.,
Krauß, F.:
Fünfachsenfräsen mit modularem, konfigurierbarem
Steuerungskonzept.
ZwF 88 (1993) 11, S. 545...547.

/45/ Pritschow, G.,
Daniel, C.,
Junghans, G.,
Sperling, W.:
Open System Controllers - A Challenge for the Future of
the Machine Tool Industry.
In: CIRP Annals Manufacturing Technology, Vol. 42/1
(1993), S. 449...452.

/46/ Pritschow, G.,
Krebser, G.,
Scheifele, D.:
Größere Einheit - Konzept für offene Steuerungssysteme
strukturiert den Datenfluß und vereinfacht die Programm-
übertragung.
Maschinenmarkt 96 (1990) 45, S. 56...62.

/47/ Fili, W.: Offene Steuerung: Plattform für Spezialisten.
VDI-Nachrichten 49 (1995) 19, S. 21.

/48/ ISO-TC184/SC1/WG7: Arbeitskreis zur Erneuerung der
DIN 66025 im Rahmen der ISO.

/49/ ESPRIT III Projekt OPTIMAL (Optimised Preparation of
Manufacturing Information with Multilevel CAM-CNC
Coupling). 1.1.1994 - 31.12.1996.

/50/ Reibetanz, T.: Neuartige Schnittstellendefinition (NC++) für offene
Steuerungskonzepte.
In: Zukunftssicherung durch Innovation, Tagungsband zum
FTK '94, Stuttgart, S. 401...407.
Berlin [u.a.]: Springer-Verlag, 1994.

/51/ Storr, A.,
Itterheim, C.,
Ströhle, H.:
NC-Verfahrenskette für werkstattgerechte
Nutzerunterstützung von Freiformflächenbearbeitungen.
In: Tagungsband zum 1. Workshop des Verbundprojekts
"Werkstattgerechte Nutzerunterstützung bei der
Freiformflächenbearbeitung" am 15.3.1995 in Dresden.

/52/ Krauß, F.:

Flächenkurven liefern Basis.
Industrieanzeiger (1993) 45, S. 50...51.

/53/

Einsatz der Pole-Option (Version V05-E).
Handbuch der Firma FIDIA. San Mauro Torinese (Italien):
FIDIA S.p.A., 1988.

/54/

Firmenprospekt der Steuerungen CNC Pilot 62xx.
Brugg (Schweiz): Grundig Atek Systems AG, 1993.

/55/ Rüegg, A.:

NC-Steuerung mit integrierter Flächenschnittstelle.
In: Tagungsband zur Abschlußpräsentation des EUREKA-
Projekts 154/I.1, S. 71...87. Karlsruhe: Lehrstuhl und
Institut für Werkzeugmaschinen und Betriebstechnik
(WBK), 1991.

/56/ Chen, Y. D.,
      Ni, J.,
      Wu, S. M.:

Real-Time CNC Tool Path Generation for Machining
IGES Surfaces.
Transactions of the ASME, Journal of Engineering for
Industry 115 (1993) 4, S. 480...486.

/57/ Pritschow, G.,
      Lei, W.-T.,
      Krauß, F.:

Funktionserweiterungen von numerischen Steuerungen für
die fünfachsige Bearbeitung von Freiformflächen.
ZwF 87 (1992) 3, S. 152...155.

/58/ Krauß, F.:

Flächenorientierte Steuerdatenaufbereitung (FSDA) für die
fünfachsige Fräsbearbeitung.
In: Tendenzen in der NC-Steuerungstechnik, S. 121...128.
München: Carl Hanser Verlag, 1993.

/59/ Matthias, E.,
      Szivér. P.:

CAD und CAM von Raumformen mit dem System
EUKLID-OZELOT.
Werkstatt und Betrieb 116 (1983) 6, S. S 12 ... S 18
(Sonderteil Präzisions-Fertigungstechnik aus der Schweiz)

/60/ Rüegg, A.:

OZELOT-CNC für komplexe 3D-Formen.
Technische Rundschau (1986) Heft 20, S. 150...153.

/61/ Krauß. F.,   Fünfachsige Freiformflächen-Bearbeitung.
     Lei, W.-T.,   WT Produktion und Management 82 (1992) 11, S. 56...58.
     Schittenhelm, K.-M.:

/62/ Kempf, W.,   Freiformflächenbearbeitung mit neuartiger CAP- und NC-
     Krauß, F.:   Struktur.
                          Tagungsband zum Fertigungstechnischen Kolloquium
                          (FTK) in Stuttgart am 1.-2.10.1991, S. 127...128.
                          Berlin [u.a.]: Springer-Verlag, 1991.

/63/ Bronstein, I.-N.,   Taschenbuch der Mathematik, 20. Auflage.
     Semendjajew, K.-A.: Thun und Frankfurt/Main: Verlag Harri Deutsch, 1981.

/64/   Lexikon der Mathematik.
                          Leipzig: VEB Bibliographisches Institut Leipzig, 1985.

/65/ Hoschek, J.,   Grundlagen der geometrischen Datenverarbeitung, 2. Auf-
     Lasser, D.:   lage.
                          Stuttgart: B. G. Teubner, 1992.

/66/ Krauß, F.:   Flächenorientierte Steuerung vereinfacht fünfachsiges
                          Fräsen.
                          NC-Fertigung (1994) 1, S. 50...53.

/67/ Krauß, F.:   Flächenorientierte Steuerung vereinfacht 5-achsiges
                          Fräsen.
                          Special Tooling (1993) 4, S. 24...26.

/68/ Hupfer, H.,   NC-Programmierung für die fünfachsige Fräsbearbeitung.
     Potthast, A.,   ZwF 85 (1990) 2, S. 75...80.
     Wojcik, L.:

/69/ Glantschnig, F.:   Zukunft und Wirtschaftlichkeit für Konstruktion und
                          Herstellung komplexer Formen und Werkzeuge durch
                          CAD-CNC-Kopplung.
                          Werkstatt und Betrieb 123 (1990) 7, S. 557...563.

/70/   Dokumentation der beauftragbaren Funktion Werkzeug-
radiuskorrektur (WRK).
Druckschrift der Fa. ISG Industrielle Steuerungstechnik
GmbH Stuttgart, 1994.

/71/ Fichtner, D.,   Werkzeuglängenkorrektur in der Werkstatt für die 5-Achs-
     Rehm, C.:   Fräsbearbeitung.
WT Produktion und Management 85 (1995) 9,
S. 435...437.

/72/ Spur, G.,   Flexibel vom CAD-Modell zum NC-Programm.
     Oder, B.,   ZwF 88 (1993) 2, S. 71...74.
     Wojcik, L.:

/73/ Mills, R.:   HP fires Solid Salvo - HP's Precision Engineering/Solid
Designer Computer Aided Design Software.
Computer Aided Engineering 11 (1992) 3, S. 16.

/74/ Daemisch, K.-F.:   Verflochtene Formen - Modellierer erobern den Markt.
IX - Multiuser Multitasking Magazin (1994) 5, S. 48...56.

/75/ Weck, M.,   Interpolation in der NC-Bearbeitung.
     Klein, F.:   In: Maschinennahe Steuerungstechnik in der Fertigung,
S. 37...53. München: Carl Hanser Verlag, 1992.

/76/ Klein, F.:   NC-Steuerung für die 5-achsige Fräsbearbeitung auf der
Basis von NURBS.
Dissertation (Dr.-Ing.) RWTH Aachen, 1995.

/77/   Methods for Smoothing and Data Reduction.
In: Digitised File Error Removal Technical Description
(D341), ESPRIT III Projekt Nr. 6293 "HIQU", 1993.

/78/   Dokumentation der beauftragbaren Funktion Bahnvorbe-
reitung (BAVO).
Druckschrift der Fa. ISG Industrielle Steuerungstechnik
GmbH Stuttgart, 1994.

/79/ Hilberg, D.:

Akima-Interpolation.
CT Magazin für Computertechnik (1989) 6, S. 206...214.

/80/ Press, W. H.,
Teukolsky, S. A.,
Vetterling, W. T.,
Flannery, B. P.:

Numerical recipes in C: the art of scientific computing.
Second Edition.
Cambridge: University Press, 1992.

/81/ Boor de, C.:

A Practical Guide to Splines.
Berlin, Heidelberg, New York: Springer-Verlag, 1978.

/82/ Epstein, M. P.:

On the Influence of Parametrization in Parametric
Interpolation.
SIAM Journal Numerical Analysis 13 (1976), S. 216...268.

/83/ Foley, Th. A.:

A Knot Selection Method for Parametric Splines.
In: Schumaker, L. L.; Lyche, T.: Mathematical Methods in
Computer Aided Geometric Design. Academic Press,
1989.

/84/ Huan, J.:

Spline-Interpolation in der Steuerung einer Werkzeugmaschine.
WT Produktion und Management 76 (1986) 5, S. 309..312.

/85/ Heß, K.,
Heber, T.:

Genauigkeitsgesteuerte Parametertransformation für NC-
Steuerungen.
ZwF 89 (1994) 9, S. 461...463.

/86/ Plasch, D.:

Standardisierte Softwareschnittstellen in Mehrprozessor-
Steuerungssystemen. ISW 46.
Berlin, Heidelberg, New York: Springer Verlag, 1983.

/87/

VxWorks Reference Manual 5.1.
Alameda CA (USA): Wind River Systems Inc., 1993.

/88/

SCO Open Desktop 3.0 Users Guide.
Santa Cruz (USA): Santa Cruz Operation Inc., 1991.

/89/	SCO Open Desktop 3.0 Development System - Motif Programmers Guide. Santa Cruz (USA): Santa Cruz Operation Inc., 1991.
/90/	Digitale Schnittstelle zur Kommunikation von Steuerungen und Antrieben. Alfter/Bonn: Fördergemeinschaft SERCOS Interface e.V., 1992.

ISW Forschung und Praxis

Berichte aus dem Institut für Steuerungstechnik der Werkzeugmaschinen und Fertigungseinrichtungen der Universität Stuttgart

Herausgegeben bis Band 57 von Prof. Dr.-Ing. G. Stute †
ab Band 58 Prof. Dr.-Ing. Dr. h.c. G. Pritschow

1   D. Schmid, Numerische Bahnsteuerung, 89 S., 1973

2   H. Schwegler, Fräsbearbeitung gekrümmter Flächen, 111 S., 1972

3   J. Eisinger, Numerisch gesteuerte Mehrachsenfräsmaschinen, 90 S., 1972

4   R. Nann, Rechnersteuerung von Fertigungseinrichtungen, 125 S., 1972

5   G. Augsten, Zweiachsige Nachformeinrichtungen, 140 S., 1972

6   B. Karl, Die Automatisierung der Fertigungsvorbereitung durch NC-Program-
    mierung, 121 S., 1972

7   H. Eitel, NC-Programmiersystem, 117 S., 1973

8   E. Knorr, Numerische Bahnsteuerung zur Erzeugung von Raumkurven auf
    rotationssymetrischen Körpern, 131 S., 1973

9   S. Bumiller, Viskohydraulischer Vorschubantrieb, 123 S., 1974

10 K. Maier, Grenzregelung an Werkzeugmaschinen, 139 S., 1974

11 J. Waelkens, NC-Programmierung, 159 S., 1974

12 E. Bauer, Rechnerdirektsteuerung von Fertigungseinrichtungen, 138 S., 1975

13 H. König, Entwurf und Strukturtheorie von Steuerungen für Fertigungs-
    einrichtungen, 206 S., 1976

14 H. Damsohn, Fünfachsiges NC-Fräsen, 143 S., 1976

15 H. Jetter, Programmierbare Steuerungen, 141 S., 1976

16 H. Henning, Fünfachsiges NC-Fräsen gekrümmter Flächen, 179 S., 1976

17 K. Boelke, Analyse und Beurteilung von Lagesteuerungen für numerisch gesteuerte
    Werkzeugmaschinen, 106 S., 1977

18 F.-R. Götz, Regelsystem mit Modellrückkopplung für variable Streckenverstärkung,
    116 S., 1977

19 H. Tränkle, Auswirkungen der Fehler in den Positionen der Maschinenachsen
    beim fünfachsigen Fräsen, 103 S., 1977

20 P. Stof, Untersuchungen über die Reduzierung dynamischer Bahnabweichungen
    bei numerisch gesteuerten Werkzeugmaschinen, 118 S., 1978

21 R. Wilhelm, Planung und Auslegung des Materialflusses flexibler Fertigungssysteme,
    158 S., 1978

22 N. Kappen, Entwicklung und Einsatz einer direkten digitalen Grenzregelung
    für eine Fräsmaschine mit CNC, 123 S., 1979

23 H. G. Klug, Integration automatisierter technischer Betriebsbereiche, 124 S., 1978

24 D. Binder, Interpolation in numerischen Bahnsteuerungen, 132 S., 1979

25   O. Klingler, Steuerung spanender Werkzeugmaschinen mit Hilfe von Grenzregeleinrichtungen (ACC), 124 S., 1979

26   L. Schenke, Auslegung einer technologisch-geometrischen Grenzregelung für die Fräsbearbeitung, 113 S., 1979

27   H. Wörn, Numerische Steuersysteme-Aufbau und Schnittstellen eines Mehrprozessorsteuersystems, 141 S., 1979

28   P. B. Osofisan, Verbesserung des Datenflusses beim fünfachsigen NC-Fräsen, 104 S., 1979

29   J. Berner, Verknüpfung fertigungstechnischer NC-Programmiersysteme, 101 S., 1979

30   K.-H. Böbel, Rechnerunterstützte Auslegung von Vorschubantrieben, 113 S., 1979

31   W. Dreher, NC-gerechte Beschreibung von Werkstücken in fertigungstechnisch orientierten Programmiersystemen, 105 S., 1980

32   R. Schurr, Rechnerunterstützte Projektsteuerung hydrostatischer Anlagen, 115 S., 1981

33   W. Sielaff, Fünfachsiges NC-Umfangfräsen verwundener Regelflächen. Beitrag zur Technologie und Teileprogrammierung, 97 S., 1981

34   J. Hesselbach, Digitale Lageregelung an numerisch gesteuerten Fertigungseinrichtungen, 111 S., 1981

35   P. Fischer, Rechnerunterstützte Erstellung von Schaltplänen am Beispiel der automatischen Hydraulikplanzeichnung, 111 S., 1981

36   U. Ackermann, Rechnerunterstützte Auswahl elektrischer Antriebe für spanende Werkzeugmaschinen, 118 S., 1981

37   W. Döttling, Flexible Fertigungssysteme – Steuerung und Überwachung des Fertigungsablaufs, 105 S., 1981

38   J. Firnau, Flexible Fertigungssysteme – Entwicklung und Erprobung eines zentralen Steuersystems, 112 S., 1982

39   A. Herrscher, Flexible Fertigungssysteme – Entwurf und Realisierung prozeßnaher Steuerungsfunktionen, 103 S., 1982

40   U. Spieth, Numerische Steuersysteme – Hardwareaufbau und Ablaufsteuerung eines Mehrprozessorsteuersystems, 115 S., 1982

41   A. Schimmele, Rechnerunterstützter Entwurf von Funktionssteuerungen für Fertigungseinrichtungen, 106 S., 1982

42   M. Sanzenbacher, NC-gerechte Beschreibung von Werkstücken mit gekrümmten Flächen, 105 S., 1982

43   W. Walter, Interaktive NC-Programmierung von Werkstücken mit gekrümmten Flächen, 112 S., 1982

44   J. Huan, Bahnregelung zur Bahnerzeugung an numerisch gesteuerten Werkzeugmaschinen, 95 S., 1982

45   H. Erne, Taktile Sensorführung für Handhabungseinrichtungen – Systematik und Auslegung der Steuerungen, 111 S., 1982

46   D. Plasch, Numerische Steuersysteme – Standardisierte Softwareschnittstellen in Mehrprozessor-Steuersystemen, 112 S., 1983

47   Z. L. Wang, NC-Programmierung – Maschinennaher Einsatz von fertigungstechnisch orientierten Programmiersystemen, 103 S., 1983

48   J. Schwager, Diagnose steuerungsexterner Fehler an Fertigungseinrichtungen, 121 S., 1983

49   P. Klemm, Strukturierung von flexiblen Bediensystemen für numerische Steuerungen, 113 S., 1984

50   W. Runge, Simulation des dynamischen Verhaltens elektrohydraulischer Schaltungen – Einsatz von geräteorientierten, universellen Simulationsbausteinen, 132 S., 1984

51   H. Steinhilber, Planung und Realisierung von Werkzeugversorgungssystemen für die NC-Bearbeitung, 126 S., 1984

52   R. Ohnheiser, Integrierte Erstellung numerischer Steuerdaten für flexible Fertigungssysteme, 115 S., 1984

53   M. Keppeler, Führungsgrößenerzeugung für numerisch bahngesteuerte Industrieroboter, 125 S., 1984

54   P. Kohler, Automatisiertes Messen mit NC-Werkzeugmaschinen, 129 S., 1985

55   K.-H. Rieger, Rechnerunterstützte Projektierung der Hardware und Software von Speicherprogrammierten Steuerungen, 123 S., 1985

56   G. Vogt, Digitale Regelung von Asynchronmotoren für numerisch gesteuerte Fertigungseinrichtungen, 126 S., 1985

57   S. Chmielnicki, Flexible Fertigungssysteme – Simulation der Prozesse als Hilfsmittel zur Planung und zum Test von Steuerprogrammen, 120 S., 1985

58   W. Renn, Struktur und Aufbau prozeßnaher Steuergeräte zur Verkettung in flexiblen Fertigungssystemen, 137 S., 1986

59   K. Harig, Quantisierung im Lageregelkreis numerisch gesteuerter Fertigungseinrichtungen, 113 S., 1986

60   H. Frank, Programmier- und Überwachungsfunktionen für teileartbezogene NC-Werkzeugmaschinen, 115 S., 1986

61   H. Möller, Integrierte Überwachungs- und Diagnose-Systeme für numerische Steuerungen, 131 S., 1986

62   H. Fink, Einsatz speicherprogrammierbarer Steuerungen in der Fertigungstechnik, 126 S., 1986

63   J. Fleckenstein, Zustandsgraphen für SPS – Grafikunterstützte Programmierung und steuerungsunabhängige Darstellung, 139 S., 1987

64   E. Wagner, Steuerungen von Koordinatenmeßgeräten mit schaltenden und messenden Tastsystemen, 133 S., 1987

65   W. Grimm, Diagnosesystem für steuerungsperiphere Fehler an Fertigungseinrichtungen, 143 S., 1987

66   W. Swoboda, Digitale Lageregelung für Maschinen mit schwach gedämpften schwingungsfähigen Bewegungsachsen, 141 S., 1987

67   G. Gruhler, Sensorgeführte Programmierung bahngesteuerter Industrieroboter, 119 S., 1987

68   B. Walker, Konfigurierbarer Funktionsblock Geometriedatenverarbeitung für numerische Steuerungen, 125 S., 1987

69   J. Mayer, Werkzeugorganisation für flexible Fertigungszellen und -systeme, 126 S., 1988

70   R. Lederer, Programmierung von NC-Drehmaschinen mit mehreren Werkzeugschlitten, 120 S., 1988

71   G. Häberle, NC-Musterprogrammierung für die rechnerintegrierte Textilfertigung, 127 S., 1988

72   D. Pfeiffer, Kompensation thermisch bedingter Bearbeitungsfehler durch prozeßnahe Qualitätsregelung, 135 S., 1988

73   W. Schmidt, Grafikunterstütztes Simulationssystem für komplexe Bearbeitungsvorgänge in numerischen Steuerungen, 141 S., 1988

74   M. Egner, Hochdynamische Lageregelung mit elektrohydraulischen Antrieben, 147 S., 1988

75   W. Schittenhelm, Konfigurierbares Bedienungssystem für Steuerungen an Fertigungs-
      einrichtungen, 136 S., 1988

76   D. Scheifele, Grafisch dynamische Simulation des Bearbeitungsvorgangs für
      Doppelschlittendrehmaschinen, 121 S., 1988

77   G. Keuper, Automatisierte Identifikation der Streckenparameter servohydraulischer
      Vorschubantriebe, 152 S., 1989

78   K.-H. Kayser, Kollisionserkennung in numerischen Steuerungen mit der Distanz-
      feldmethode, 131 S., 1989

79   R. Viefhaus, Fräsergeometriekorrektur in Numerischen Steuerungen für das
      fünfachsige Fräsen, 157 S., 1989

80   J. Zirbs, Fertigungsgerechte Aufbereitung von Flächenverbänden bei der NC-
      Programmierung im Formenbau, 130 S., 1989

81   W. Ruoff, Optische Sensorsysteme zur On-line-Führung von Industrierobotern,
      123 S., 1989

82   M. Jantzer, Bahnverhalten und Regelung fahrerloser Transportsysteme ohne
      Spurbindung, 131 S., 1990

83   H. Schumacher, Einheitliche Programmierung von Automatisierungskomponenten
      roboterbestückter Bearbeitungs- und Montagezellen, 116 S., 1991

84   J. Schimonyi, NC-Programmierung für das Werkzeugschleifen, 122 S., 1991

85   K.-H. Wurst, Flexible Robotersysteme – Konzeption und Realisierung modularer
      Roboterkomponenten, 164 S., 1991

86   R. Hagl, Erhöhung der Verfügbarkeit von Vorschubantrieben mit selbstanpassender
      Lageregelung, 126 S., 1991

87   G. Krebser, Betriebssystem für NC mit einheitlichen Schnittstellen, 130 S., 1992

88   W.-T. Lei, Flächenorientierte Steuerdatenaufbereitung für das fünfachsige Fräsen,
      134 S., 1992

89   G. Diehl, Steuerungsperipheres Diagnosesystem für Fertigungseinrichtungen auf Basis
      überwachungsgerechter Komponenten, 140 S., 1992

90   U. Nepustil, Offene NC-Schnittstellen zur Korrektur von Fertigungsfehlern, 133 S., 1992

91   M. Bauder, Konfigurierbare Robotersteuerung mit allgemeiner Transformation, 120 S., 1992

92   W. Philipp, Regelung mechanisch steifer Direktantriebe für Werkzeugmaschinen,
      118 S., 1992

93   G. M. Härdtner, Wissensstrukturierung in Diagnoseexpertensystemen für Fertigungs-
      einrichtungen, 135 S., 1992

94   H. Wiedmann, Objektorientierte Wissensrepräsentation für die modellbasierte Diagnose an
      Fertigungseinrichtungen, 151 S., 1993

95   H. Rudloff, Hochgenaue Konturerzeugung bei Bewegungsachsen mit einer dominanten
      mechanischen Resonanzstelle, 151 S., 1993

96   K. Brantner, Adaptierbares Leitsteuerungssystem für flexible Produktionssysteme,
      142 S., 1993

97   W. Kugler, Kommunikationsmechanismen für offene Numerische Steuerungssysteme,
      136 S., 1994

98   B. Schnurr, Elektrodynamisches Antriebssystem zur Unrundbearbeitung
      175 S., 1994

99   J. Schneider, Fehlerreaktion mit Speicherprogrammierbaren Steuerungen – ein Beitrag
      zur Fehlertoleranz, 117 S., 1994

100   U. Siewert, Systematische Erstellung adaptierbarer Leitsteuerungssoftware am Beispiel
      der Durchsetzungsplanung, 155 S., 1994

101 G. F. J. Heger, Maschinenferner Qualitätsregelkreis in flexiblen Fertigungssystemen, 134 S., 1994

102 W. Hofmeister, Objektorientiert strukturiertes Programmiersystem für NC-Mehrschlittenmaschinen, 113 S., 1994

103 A. Horn, Optische Sensorik zur Bahnführung von Industrierobotern mit hohen Bahngeschwindigkeiten, 132 S., 1994

104 U. Rentschler, Fehlertolerantes Präzisionsfügen, 128 S., 1995

105 G. Junghans, Modulares grafikunterstütztes Simulationssystem für Bearbeitungs- und Handhabungsvorgänge, 145 S., 1995

106 J. Heller, Sensorgestützte Bewegungserzeugung leitlinienloser Transportfahrzeuge, 123 S., 1995

107 E. Wieland, Anwendungsorientierte Programmierung für die robotergestützte Montage, 137 S., 1995

108 G. Ketterer, Automatisierte Inbetriebnahme elektromechanischer, elastisch gekoppelter Bewegungsachsen, 176 S., 1995

109 Th. Reibetanz, Situationsorientierte Bearbeitungsmodellierung zur NC-Programmierung 120 S.. 1995

110 O. Frager, Durchgängige Programmierung von Fertigungszellen, 135 S., 1996

111 R. Ordenewitz, Betriebsweite Bereitstellung von Werkzeuginformationen, 144 S., 1996

112 C. Daniel, Dynamisches Konfigurieren von Steuerungssoftware für offene Systeme, 124 S., 1996

113 R. Angerbauer, Anwenderorientierte Programmierung fahrerloser Transportsysteme, 141 S., 1996

114 F. Krauß, Splineverarbeitung in numerischen Steuerungen für das fünfachsige Fräsen, 118 S., 1996